KB151407

제 2 판

견종학 및 반려견 관리

Introduction of
Dog Breeds and Care

최재헌 · 김창영

박영story

머리말

적어도 10만 년 이전부터 인간 주위에는 음식물 쓰레기를 얻기 위해 어슬렁거리는 게으른 늑대가 있었다. 그들 중 인간에 대한 공격성이 적고 비교적 쉽게 다가오는 성격을 가진 개체들을 인간이 선택하여 번식을 하는 과정을 통해 개라는 최고의 친구가 만들어졌다. 그리고 인간은 개의 뛰어난 후각과 청각, 질주 능력을 빌려 와서 오랜 세월 동안 수렵, 목축, 전쟁 등에 활용하였고, 개는 이런 기능들을 충실하게 수행하며 서로 간의 변함없는 우정을 이어 왔다.

사실 오랫동안 개들은 지금처럼 견종으로 엄격하게 분리되어 있지 않았으며, 그저 사냥하는 개, 일하는 개, 싸움을 잘하는 개, 응석받이 개 등으로 분류하고 있었다. 그때까지는 견종이라기보다 그룹(Group)으로 분류되어 있었다고 보는 것이 보다 정확하다. 산업 혁명 이후 개들의 가치가 일을 하는 용도에서 애완동물로서의 용도로 그 가치가 변화되었다. 1800년대 중후반에 걸쳐 '애견'으로 신분이 상승된 이들은 사람들의 선호도에 따라 특정한 모양과 성격으로 나뉘어 그들끼리 교배하여 자손을 낳으면서 '견종'이라는 구분이 엄격하게 생기기 시작했다. 애견문화를 전람회가 주도하면서 견종으로 인정받는 종류는 지속적으로 증가하였으며, 동일형질 간 지나친 중복 교배의 폐단으로 특정 견종에게는 유전 질환이 생기는 문제가 유발되기도 하였다. 사회가 더욱 발전하면서 애견전람회 중심으로 형성되던 애견문화가 개개인이 자신의 애견과 삶을 즐기는 것으로 중심이 옮겨가면서 '애견'은 다시 한번 '반려견'으로 지위가 상승되었다.

이 책은 그룹과 견종의 형성 과정과 비교적 인기가 높은 50견종을 소개하는 것을 중심으로 기술되었다. 반려견에 대한 분야는 행동 교정과 훈련, 미용, 스포츠(어질리티와 프리스비 등), 심사 등으로 발달되어 왔고, 견종학은 애견문화사와 견체학과 더불어 반려견 관련 학문의 총론과 같은 중요부분을 차지하고 있다. 따라서 이 책에는 애견문화사의 일부 내용이 포함되었고, 신체 구조와 운동에 대한 내용도 요약되어 있다.

'견종학'이라고 해서 어렵게 접근하기보다는 쉽고 재미있게 다가설 수 있도록 기술하려고 노력하였다. 관심과 재미를 통해 개에 대한 이해가 더욱 향상되었으면 하는 마음으로 이 책을 쓴다.

차례

제1편
애견문화와 견종의 형성

제2편
그룹 구분과 견종 소개

차례

01 애견전람회의 그룹 분류 _31

02 견체 구조와 운동 _45

03 견종 소개 50選 _57

제3편
반려견 사육 및 관리

04 기본 훈련 _187

부록
재미있는 개 이야기

애견문화와 견종의 형성

01 개의 기원

1. 늑대가 사람에게 다가오다

스웨덴 왕립기술연구원의 과학자들은 "전 세계의 모든 개는 약 1만 5천 년 전 동아시아에 살았던 늑대의 후손"이라고 과학 잡지 '사이언스'에 발표했다. 이 연구는 동아시아 늑대가 가축화가 되면서 약 1만 5천 년 전부터 외형이 바뀌어 초기의 개가 시작된 것이라고 추정했다.

국제학술지 '네이처 커뮤니케이션'은 뉴욕 스토니브룩대학 연구진들의 주장을 소개했다. 연구진들은 독일에서 약 7,000년 된 개와 약 4,700년 된 개의 화석을 발굴해 현대 개들과 DNA를 비교분석했다. 그 결과 개의 시초는 한 무리의 개를 길들인 뒤 퍼진 것이며, 약 41,500년 전에서 약 36,900년 전 사이에 늑대로부터 분리됐다고 발표했다. 또한 현대에 개라고 불리는 존재가 만들어진 건 신석기 시대에 사람들이 수렵과 채집을 하게 되면서 마을을 구성했고, 일부 덜 공격적인 늑대들과 어울린 덕분이라고 설명했다.

그림 1-1 개의 조상인 늑대의 야성미

동물학자 로버트 웨인은 개의 미토콘드리아 DNA 배열을 늑대와 비교하였다. 그 결과 야생에서 스스로 먹이를 구하는 본래의 늑대와 달리 사람이 먹고 버린 것을 청소하는 늑대 무리로 약 13만 5천 년 전에 갈라져 유전적 분화가 시작된 것으로 밝혀졌다. 이렇게 본래의 늑대와 갈라진 무리는 10만 년 이상 형태적인 변화가 없다가 사람의 개입으로 약 3만 5천 년 전부터 형태적 변화가 생겼다는 것이다. 결국 늑대 중 음식물 쓰레기로 배를 채우려는 무리가 분가하여 스스로 사람에게 찾아왔고, 그 중 사람에게 사교적인 개체를 선택 사육하면서 개로 형태가 변했다는 추정이다.

늑대가 개의 직접적인 조상이라는 것은 유전자와 형태, 행동 관련 자료를 통해 분명히 드러나고 있지만 지구의 어느 곳에서 처음 개가 만들어졌는가에 대해서는 이론이 분분하다. 마치 개가 만들어진 최초의 지역이 어디냐에 대해 자존심 경쟁을 하는 느낌이다.

그림 1-2 개의 기원 추정도

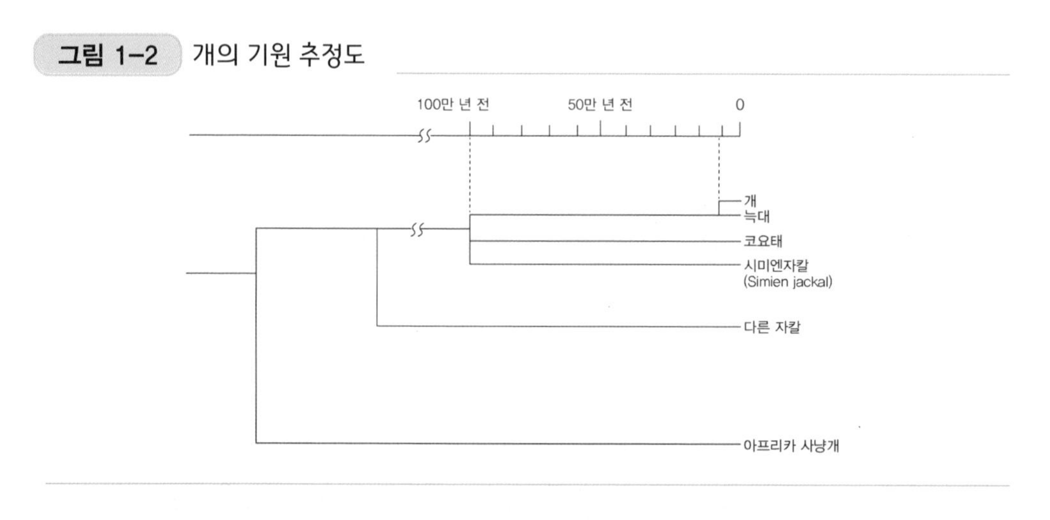

인간이 출현한 초기에는 생태계에 미치는 영향도가 미미했다. 사람이 만든 초기의 석기는 동물의 뼈를 쪼개서 그 속에 있는 골수를 먹기 위한 도구였다고 한다. 초식동물을 잡아서 사자가 먹고, 대기표 번호를 뽑고 기다리고 있던 하이에나가 그다음 먹고, 공짜를 좋아해서 머리숱이 별로 없는 대머리독수리가 뼈에 붙어 있는 살 찌꺼기를 설거지하듯 발라 먹으면 딱히 먹을 것이 남아 있지 않았다. 초기의 인간은 그 뼈 속에 남은 골수라도 먹기 위해 뼈를 쪼개는 도구를 만들었으니 생태계의 상위권에 속하는 존재가 아니었음이 분명했다. 그러나 인간의 뛰어난 지능과 사회적 단결력, 직립보행으로 자유로워진 손을 이용한 도구의 활용 등은 다른 동물에 비해 뒤떨어지는 운동능력을 보완하는 것에 그치지 않고 짧은 시간 내에 생태계의 정점으로 올라서게 했다. 약 40만 년 전부터 이미 모든 동물들이 두려워하는 불을 사용하였고, 돌을 갈아 만든 날카로운 무기로 다른 동물을 살육한 인간은 자연계의 모든 권력을 얻은 것처럼 횡포를 일삼았고, 그로 인하여 세계 곳곳의 많은 동물들이 멸종되어 갔다. 지능과 불과 도구를 가진 인간은 지구 생태계 최강의 연쇄 살해범으로 군림하면서 대형동물들까지 잡아먹었다.

늑대 또한 뛰어난 사회성과 서열의식을 기반으로 무리를 형성하여 집단으로 사냥하면서 식량을 해결하였으며, 때로는 인간과 먹이를 차지하기 위해 경쟁관계에서 충돌하기도 하였다. 그러나 늑대는 지능에서 절대적 우위에 있는 인간의 경쟁상대가 되지 못했다. 그 중 기회주의적이고 눈치 빠른 녀석들은 늘 과도한 사냥을 즐기는 인간의 주위를 배회하면 손쉽게 먹이를 얻을 수 있음을 알게 되었을 것이다. 그야말로 스스로 노력하는 삶이 싫어진 게으른 늑대들의 성공담이라고 할 수 있다.

지금까지의 내용을 요약하면 인간이 의도적으로 야생의 늑대를 잡아와 길들여서 개로 만들었다기보다는, 어감은 이상하지만 '늑대 스스로 인간을 찾아와 개가 되었다.'라고 추정된다.

2. 늑대에서 개가 되다

최초에 인간사회의 일원으로 받아들여진 늑대는 야생 상태와는 전혀 다른 인위적인 진화과정을 겪으면서 야생 늑대와 다르게 변화해 왔다.

늑대는 1년에 한 번, 즉 1~2월에 발정이 와서 교미를 하고, 3~4월에 새끼를 낳는다. 새끼를 키우기에 가장 좋은 계절을 선택함은 물론 생후 8개월이 되면 첫 겨울을 무사히 견딜 수 있는 크기로 성장할 수 있는 것에 맞추어 발정이 오는 것으로 추정된다. 또한 늑대는 약 2년이 지나야만 첫 발정이 오며, 이중 번식을 하는 것은 가장 서열이 높은 암컷에 불과하다고 한다.

반면 개는 생후 7개월 전후에 첫 발정이 온다. 늑대에 비해 많이 조숙해진 편이다. 또한 개는 계절에 관계없이 일 년에 두 번 정도의 발정이 와서 연평균 2회의 번식을 하게 된다. 늑대가 개보다 번식력이 약한 것은 혹독한 자연환경에 적응하기 위한 자연적 선택의 결과이다. 이와 달리 개는 인간과 함께 한 풍요로운 삶 덕분에 번식력도 왕성해진 것으로 볼 수 있다.

그림 1-3 개로 바뀌었어도 1년에 한 번 발정이 오는 티벳의 들개

그런데 개의 형태가 늑대와 다르게 변한 것은 사람이 의도한 결과였을까? 늑대가 개의 형태로 바뀌는 과정을 추정할 수 있는 유사한 사건이 여우의 사육 과정에서 일어났다.

벨예프와 그의 동료인 리우드밀라는 포획한 여우 1,000여 마리 중 서로 다른 양상으로 사람에게 다르게 반응하는 465마리의 여우를 골라 연구했는데, 40%는 공격적인 두려움을 나타내었고, 30%는 극도로 공격적이고, 20%는 두려움을 나타내었고, 10%는 두려워하거나 공격적이지 않은 온순하며 탐색적인 태도를 보였다. 이들은 사람에게 온순하고 탐색적인 태도를 보인 10%의 여우만을 선택하여 2세대를 번식한 결과 그 온순한 성격의 비율이 급증했다. 그 후에 적극적으로 사람에게 다가오는 개체만을 골라 선택번식한 결과 4세대 만에 가축화된 개의 행동과 유사한 여우들을 얻을 수 있었다.

그림 1-4 바둑이의 모색(A)과 개처럼 행동하는 여우(B)

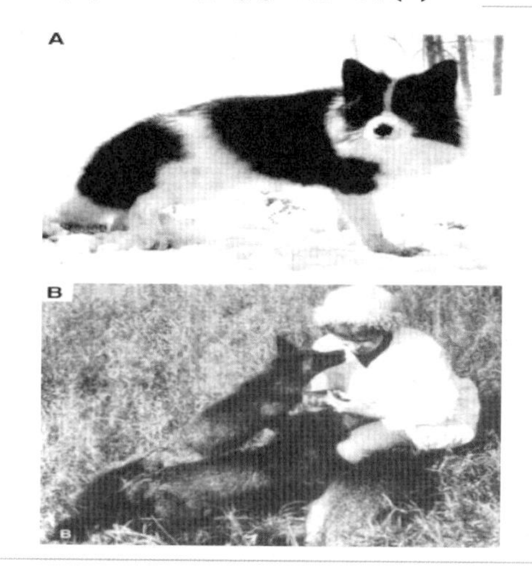

이러한 개체들은 마치 개처럼 사람을 따르고 행동하였다. 그러나 모양 또한 개와 닮아져서 바둑이처럼 얼룩진 털을 가지거나 귀가 서지 않는 여우들의 출현 빈도도 증가했다. 이들은 성격으로만 선택번식을 하였는데 의도하지 않게 여우의 모양을 바꾸어 버린 것이다.

늑대가 개로 변신한 과정이 이와 유사했을 가능성은 높다. 사람이 늑대의 형태와 모색을 개로 바꾼 결과 사람에게 친절해진 것이 아니라, 반대로 사람에게 친절한 늑대를 골라 번식한 결과 형태와 모색이 바뀌어 개가 되었을 것이다. 따라서 가축화 과정에서 일어나는 형태와 모색의 변화는 길들임(온순함)을 위한 선택의 우연한 부산물이며, 처음부터 의도한 것은 아니다.

3. 사회성과 애정으로 연결되다

인간의 주위를 서성이는 동물은 늑대뿐만은 아니었을 것이며, 여자나 어린 아이들은 여러 가지 동물들의 새끼를 사육할 수 있는 기회를 가질 수 있었을 것이다. 그러나 사회성이 결여된 다른 동물들은 번식이나 기타의 이유로 인간과의 삶을 지속할 수 없었던 반면 늑대는 인간과 유사한 계급 사회의 서열 의식과 사회성을 가지고 있었기 때문에 인간의 삶 속에 쉽게 동화될 수 있었다.

늑대가 인간에게 길들여져 개로 변신할 수 있었던 요인도 이 사회성이 있었기 때문이다. 늑대는 우두머리에게 복종하는 것 이외에도 무리 구성원을 이루는 개체 간의 다양한 감정 표현을 할 수 있는 것도 인간과의 삶에 쉽게 적용할 수 있는 바탕이 되었다.

그림 1-5 사람에게 키워진 늑대

그림 1-6 사우디아라비아에서 발견된 8천 년 전 암각화

야생 동물이 가축화되기 위해서는 체질적으로 튼튼해야 하고, 사람을 잘 따라야 한다. 또한 생활 환경의 변화에 쉽게 적응하면서 필요 욕구가 너무 높지 않아야 하고, 인간에게 유용성이 커야 하며, 번식에 대한 관리가 용이하고, 사육이 쉬워야 가능하다. 늑대는 당시 수렵을 하는 인간과 같이 고기를 먹고, 날카로운 이와 강인한 체력을 가지고 있어 공격성도 강하며, 무리생활을 하지만 예민한 성격을 가지고 있어 가축으로 적합하지 않은 동물이다. 그러나 서열의식과 사회성이 있어 수렵의 동반자로서 적합했기 때문에 인간과 동맹관계를 맺은 최초의 동물이 될 수 있었다.

최초의 개는 식용을 위해서 기른 것은 아니었던 것으로 추정한다. 선사 시대 인간의 유적지에서는 늑대나 개의 뼈가 거의 나오지 않는 것이 이를 증명한다. 그로부터 꽤 시간이 지난 후에 농사를 기반으로 하는 지역에서 별로 할 일 없이 빈둥거리는 개를 식용으로 사용한 것으로 생각된다. 역사적으로 수렵이나 목축을 경제기반으로 생활해 온 지역에서는 개가 중요한 일꾼이므로 식용의 대상으로 하지 않았다.

뛰어난 후각과 질주 능력을 가진 개는 수렵의 조력자로 중요하게 다가왔을 것이다. 사우디아라비아의 북서부에서 개와 함께 사냥하는 모습을 그린 모습으로 추정되는 암각화가 발견되었다. 사냥꾼 한 명이 개 모양의 동물 13마리에 둘러싸여 활을 겨누는 모습으로 그려져 있으며, 개목에 줄을 매고 다니는 모습이 독특하다. 이 암각화는 적어도 8천 년 전의 것으로 추정된다.

그런데 개가 꼭 수렵으로만 중요성이 부각된 것은 아니었다. 개는 사람과의 만남 당시부터 반려동물로서의 의미도 함께 존재하고 있었다. 중동지역에서 발견된 대략 1만 2천 년 전의 것으로 알려져 있는 강아지의 화석은 주인과 함께 매장된 상태에서 발견되었으며 주인의 모습은 애정을 담아 손으로 강아지를 쓰다듬는 모습이다. 즉 그 당시부터 인간과 개는 따뜻한 애정의 끈으로 연결되어 있었던 것을 보여주는 사례이다.

그림 1-7 바이칼 호수 옆 무덤에서 발견된 사람과 개의 유골

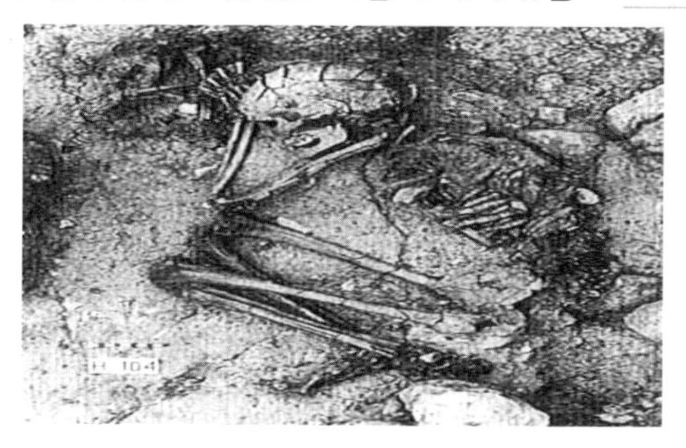

캐나다 앨버타 대학 연구팀은 시베리아의 바이칼 호수 인근에서 사람과 개가 나란히 묻힌 무덤을 발견했다고 발표했다. 주인으로 추정되는 사람 옆에 누워있는 개의 유골은 장신구를 한 상태였으며 그 옆에는 숟가락도 놓여있어 마치 사람처럼 매장돼 있었다. 이는 곧 저승에서 굶지 말고 잘 살라는 의미의 장례 풍습이 개에게도 적용된 것으로, 연구팀은 유골 분석결과 개가 5,000년 전에서 8,000년 전 사이에 묻힌 것으로 추정했으며, 이 당시에도 인간과 개가 '친구 사이'였다는 것을 보여주는 또 한 가지 사례이다.

그림 1-8 12,000년 전 사람과 개의 화석

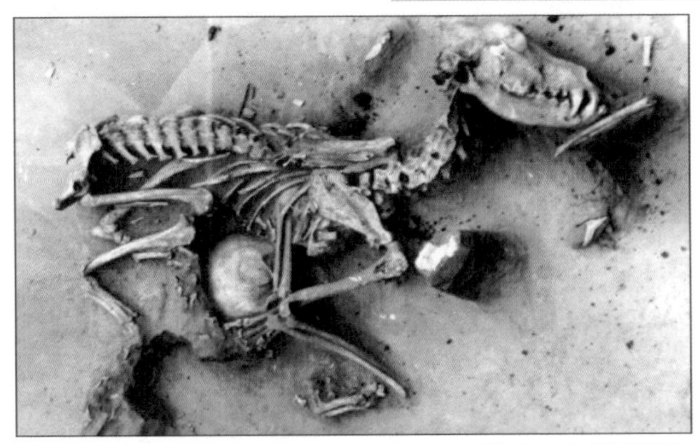

과학자들은 개와 주인 사이에는 특별한 호르몬이 분비된다는 사실을 발견하였다. 주인과 개의 스킨십, 산책, 서로 마주보기 등의 과정에서 주인과 개 모두에게 옥시토신이라는 호르몬이 나온다고 한다. 옥시토신이란 호르몬은 어머니가 아이의 눈을 볼 때 어머니의 뇌에서 생기는 애정 관련 호르몬이다. 인간이 늑대를 기르면서부터 반려동물로서 자리매김이 될 수 있었던 것은 마치 운명과도 같았다.

결국 인간과 늑대가 함께 생활하면서 개라는 반려동물로 발전될 수 있었던 것은 양자가 공유하고 있는 사회성과 애정에서 비롯되었다고 요약할 수 있다.

4. 행동을 사람에게 맞추다

사람과의 생활은 의사소통 방식에서도 변화를 가져왔다. 늑대는 우~ 하며 울지만 개처럼 짖지는 않는다. 그러나 늑대와 개의 발성법 자체가 성악에서 따지는 두성이냐 비성이냐를 떠나 근본적으로 다르지는 않다. 개의 여러 가지 형태의 짖음은 인간과 함께 생활하면서 다양한 표현을 할 수 있다. 짖는 것과 더불어 낑낑거림, 귀와 꼬리의 움직임 등으로 자신의 의사를 사람에게 알리는 방법들은 더욱 다양해졌다.

또한 늑대의 꼬리는 주로 사냥할 때 신체 균형을 유지하거나 겨울에 잠잘 때 보온 기능으로 사용하는 반면 개는 사냥 역할의 감소와 따뜻한 잠자리의 확보로 본래의 기능보다는 인간에게 자신의 감정을 전달하는 기능과 미적 용도로 발전하게 되었다. 그러다 보니 늑대가 꼬리를 아래로 늘어뜨리는 데 비해 대부분의 개는 꼬리를 치켜들고 당당하게 다니는 모습으로 변화하였다. 이는 아마도 늘어져 있는 꼬리보다 위로 올려져 있는 꼬리가 사람에게 의사 표시를 하는 데 유리했기 때문일 것이다.

따라쟁이인 개는 인간과 생활하며 인간의 얼굴 표정을 보고 닮아가는 것을 스스로 즐겼다. 그 결과 입 주위의 입술과 근육을 움직이는 기능이 향상되어 마치 웃는 것과 같은 표정이나 무표정한 얼굴 등으로 표현할 수 있게 되었다. 이러한 다채로운 의사 표현은 늑대가 따라올 수 없는 부분이며, 인간과 많은 감정을 교감하는 수단으로 쓰이고 있다. 그런데 개가 구관조처럼 사람의 말까지 따라 했다면 더욱 많은 교감이 가능했을지, 아니면 오히려 쓸데없는 말로 사람을 홀리는 데 감점을 받게 되었을지는 의문이다.

사실 늑대가 여러 가지 면에서 개보다 우월한 점이 있다는 것은 인정해야 한다. 무엇보다도 늑대의 가장 큰 장점은 지능이 훨씬 뛰어나다는 것이다. 50kg의 늑대와 동일한 몸무게의 개를 비교해 볼 때 개의 머리 크기는 물론 뇌 용량이 약 20% 더 작다. 뇌의 용량이 크다는 것은 그만큼 영리하다는 것을 의미한다. 이러한 영리함은 문제 해결 방식에서도 차이점을 보인다. 개가 반복적인 학습을 통해 방법을 터득하는 반면 늑대는 관찰력에 의한 학습을 한다. 문이 닫히도록 지지하고 있는 빗장을 사육자가 여는 것을 주의 깊게 지켜본 늑대가 동일한 방법으로 빗장을 열고 탈출한 사례가 많다. 그러나 개는 한 번의 시범만으로 그 방법을 터득한 사례가 극히 적다.

반면 개가 늑대보다 우월한 분야는 바로 훈련 습득 능력이다. 늑대는 지능이 훨씬 뛰어지만 훈련 능력은 개에게 비교되지 않는다. 늑대에게 “앉아”, “엎드려” 등의 지시를 따르도록 하는 것은 매우 힘들다. 아예 사람과 눈을 마주치는 것을 즐기지 않는다. 본능에 의한 행동방식이 더욱 강해서 그들의 자유의사를 억누르고 복종하도록 하는 데에는 한계가 있기 때문인 것으로 생각된다. ‘내가 왜 당신이 시키는 것을 해야 하지? 그게 나의 삶에 무슨 보탬이 되는데?’라고 반문하듯 늑대는 사람에게 주목하지 않고 생존에 직결된 것을 스스로 선택하고 행동한다.

그러나 개는 사람을 선택한 이후부터 무직자여도 먹고사는 데는 지장이 없었기 때문에 사람의 의사를 파악하고 반응하는 쪽에 관심이 높아졌고, 사람에게 자신의 행동을 맞추는 쪽으로 발달시켜 왔다.

사람들은 흔히 훈련 습득 능력이 가장 좋다고 칭송받는 보더 콜리라는 견종이 머리가 좋다고 생각한다. 보더 콜리는 늑대가 먹이를 추적하듯 양들을 몰아가는 행동을 하지만, 늑대의 입장에서 보면 열심히 쫓아다니기만 할 뿐 사냥물을 포획해서 먹는 최종 행동이 프로그램에서 빠져 있는 불량품이다. 사람의 입장에서는 늑대에 비해 스스로의 생존을 위한 지능은 부족하더라도 사람이 시키는 일을 가장 빨리 습득하는 견종이 머리가 좋다고 생각하지만 이는 사람의 자기중심적 판단이다.

02 견종의 형성

1. 개는 변신의 귀재이다

늑대가 개의 형태로 변한 후인 약 8,000년 전에는 이미 여러 가지 형태의 개들이 존재했음을 화석상 기록으로 알 수 있다. 비교적 짧은 기간 내에 다양한 형태로 분화된 것이다. 개가 형태적으로 쉽게 변할 수 있는 이유는 많다. 사슴과 같은 동물들은 태어날 때의 모습이나 성장한 후의 모습에서 신체 비율의 차이가 크게 달라지지 않는다. 그런데 늑대는 생후 1~2일 때의 모습을 보면 주둥이도 짧고 동글동글한 머리를 가지고 있으며, 다리도 성체에 비해 상대적으로 짧다. 늑대는 성장을 하면서 머리의 형태, 특히 주둥이의 길이가 길어지고 다리나 신체비율의 변화가 크게 일어나면서 성장을 하여 갓 태어난 새끼 때와는 전혀 다른 모습을 하게 된다. 한마디로 어릴 때와 성체의 신체 비율이 크게 다르다는 것이다. 그러나 늑대는 성장 과정에서 신체 비율이 많이 변화하지만 성체로 성장하고 나면 개체 간 형태가 많이 다르지 않다.

그림 1-9 시베리아에서 발견된 33,000년 전 개의 두개골

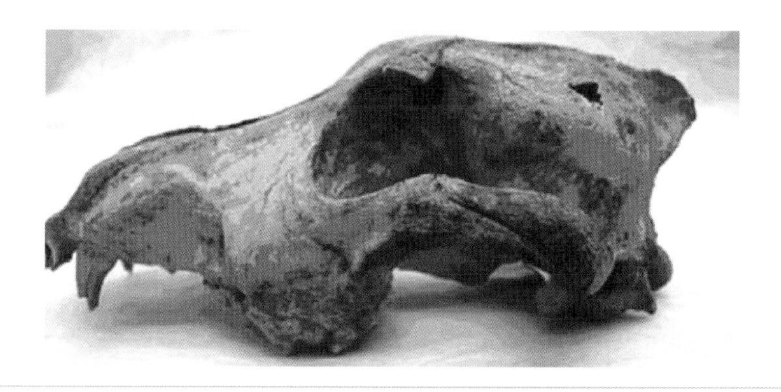

개는 사람이 성격적으로 친절하게 다가오는 늑대를 사육하면서 호르몬의 체계에 변화를 가져왔고, 형태적으로는 럭비공처럼 어디로 튈지 모를 정도로 불규칙하게 변화하기 시작했다. 개는 늑대의 성장 과정 중 어느 한 요소가 변하면서 늑대의 성장 과정을 따르지 않게 되었다. 어떤 개체는 주둥이 길이가 자라지 않아 뭉뚝한 상태로 남아 있는 반면 어떤 개체는 주둥이가 늑대보다도 더 길게 자라기도 한다. 어떤 개체는 다리가 성장하지 못해 짧은 상태로 남아 있기도 하고, 어떤 개체는 거구증에 걸려 늑대보다도 크고 육중한 몸을 가지기도 한다. 그러다 보니 1kg을 조금 넘는 치와와부터 80kg을 넘는 세인트버나드까지 폭넓은 변화가 생겼다.

그림 1-10 멧돼지를 사냥하는 진돗개

개가 다양한 형태를 가지는 또 다른 이유로 지리적 · 혈통적 격리를 들 수 있다. 원시 사회는 부족 간의 소규모 집단생활이 주가 되었던 만큼 인간에 의해 사육됐던 초기 집개는 부족 간 생활 영역 제한에 따라 폭넓은 유전자 교류의 기회를 상실할 수밖에 없었다. 따라서 그 부족 내에 있던 한정적인 숫자만으로 번식이 중복되다 보니 유전적인 변이가 급속도로 이루어지게 되었을 것이다.

개는 사냥감을 탐지하는 능력과 추적 능력을 발휘하면서 인간이 수렵 위주로 활동해 온 수천 년 동안 인간을 도우며 생활해 왔다. 약 10,000년 전까지도 인간은 거의 사냥으로 생활을 했지만 인구의 증가와 사냥감의 감소로 약 9,000년 전부터는 농경생활을 시작한 것으로 추정하고 있다. 생활 패턴의 변화는 동시에 개의 활용 가치에 변화를 일으켰다. 자기 영역에 접근하는 낯선 동물이 있을 경우 짖어 서로에게 알리는 방어 본능은 다른 부족이나 야생동물로부터 가족과 가축을 지키는 경계 역할을 수행하기에 충분했다. 또한 개가 리더에게 가지는 충성심을 바탕으로 힘센 개들을 이용하여 사람의 일을 돕게 하는 사역(使役, working)적 활용 또한 높아지기 시작했다.

이처럼 개는 전통적 의미에서 수렵용으로부터 수렵용과 경비용으로 이원화되어 발전되었고, 시간의 흐름에 따라 썰매 끌기처럼 힘든 일을 시키는 용도가 가미되면서 그 지역의 기후와 풍토에 맞는 개로 지속적인 변이를 계속하였다.

2. 서양은 적극적 선택번식을 했다

서양에서는 일찍부터 시작된 견종의 개량이 현재까지 지속적으로 이어져 수많은 견종을 만들어냈다. 그리스, 로마시대에는 싸움 경기 용도로 쓰인 대형의 투견부터 애완견까지 다양한 견종이 생겨났다. 무잇이든 직접 지배하기를 즐기는 서양인들의 성향이 개에게도 반영된 듯하다.

이러한 애견의 부흥은 중세에 들어 잠시 주춤하게 된다. 전쟁의 연속과 삶의 빈곤함, 서로마제국의 멸망 등은 개에 대한 관심을 축소시켰고, 광견병 등의 창궐로 개는 오히려 기피의 대상이 되었다. 그러나 왕실과 귀족만큼은 백성들의 도탄과 관계없이 향락적인 생활의 일환으로 사냥을 즐겼다.

실질적으로 애완견의 역사가 정립되기 시작한 르네상스 시대에는 이탈리아에 있는 예술가들을 중심으로 개의 가치가 일을 시키는 기능적 측면에 국한되지 않고 애완견으로서의 가치가 더욱 커지면서 인기를 끌게 된다. 16세기로 접어들면서 영국에서는 매우 활발한 번식에 힘입어 새로운 견종들이 급속도로 만들어졌다.

그림 1-11 영국의 복서

그들은 '스피드가 뛰어난 그레이하운드, 인내력과 용기의 불독(현재의 불독과는 차이가 많음), 후각 능력이 뛰어난 블러드하운드, 용기의 테리어' 등 몇 가지 유형의 개들을 계획적으로 교잡시켜 새로운 견종들을 번성시켰으며, 이러한 전통은 영국이 '애견 종주국'으로 불리게 되는 결정적인 바탕을 마련하게 된다. 영국의 활발한 애견 번식은 프랑스 등의 주변 국가에도 영향을 미쳐 유럽 전체가 애견 번식에 관심을 가지게 하는 자극제 역할을 하였다. 이후 왕실을 주축으로 한 다양한 애완견들이 등장하였으며, 17세기에 접어들어 영국의 존 키즈는 수많은 견종으로 분화된 개들을 사냥견, 가정견, 애완견 등으로 처음 공식적으로 분류하기 시작하였다.

그러나 이 시기까지는 지금과 같이 엄격하게 견종 구분이 이루어지 않았던 것으로 추정된다. 다른 형태끼리 뒤섞여 교잡되면서 여러 형태를 가진 개들은 더욱 다양한 유전자 풀을 공유한 커다란 집단으로 부풀려졌다. 그 후 이들을 모양과 성격을 엄격하게 나누면서 선택번식을 한 결과 지금과 같은 다양한 견종으로 나뉠 수 있는 기틀을 다지게 되었다.

18세기부터는 특정한 모양과 성격을 가진 순종을 만들어 내는 데 박차가 가해지기 시작했으며, 개를 이용한 사냥이 더욱 활발해지면서 활발한 스패니쉬 스파니엘 혈통이 유입되었고, 세터, 포인터, 스파니엘 등 많은 사냥 품종이 확립되었다.

19세기 산업혁명으로 기계화가 되면서 개의 기능적 측면이 감소되면서 개의 능력보다 외모와 사교성에 치중하게 되었고, 이러한 심미적인 측면과 반려동물로서의 중요성 증대는 1859년 영국 뉴캐슬 어퍼타운에서 처음으로 애견전람회가 열리도록 하는 바탕이 되었다. 여러 가지 모양과 성격의 개들이 사람의 소유 심리를 자극하면서 개가 상품화되면 그야말로 돈벌이가 될 수 있다는 것이 일깨워지기 시작한 것이다.

이후 호주, 캐나다, 프랑스, 미국 등의 나라로 애견전람회가 확산되어 갔으며, 애견전람회를 통한 애견 인구의 확산과 애견에 대한 인기는 큰 비중을 차지하게 되었다. 1873년에는 애견시장 활성화를 목적으로 영국애견협회(KC)가 만들어졌고, 미국에서는 그 유명한 '웨스트민스터 전람회(Westminster Dog Show)'가 1877년에 개최되었다. 1884년에는 '미국애견클럽(AKC)'이 만들어졌고, 독쇼의 인기가 좋아지자 사람들은 기능보다는 모양에 신경을 써서 번식하기 시작했다.

1891년에는 지금까지도 세계 3대 애견 전람회 중 하나인 크러프트 전람회(Crufts Dog Show)가 열렸으며, 1897년에 벌써 영국에서 274가지 견종을 묘사한 책이 출간되기도 하였다.

또한 19세기에 주창된 멘델의 유전법칙의 영향으로 과학적인 선택번식이 행해졌다. 특히 독일에서는 도베르만 핀셔, 복서, 셰퍼드 같은 새로운 기능견들이 만들어졌고, 20세기 인류의 불행인 제1·2차 대전을 통하여 수십만 마리의 군용견이 기능견으로서 활동을 하게 된다. 군용견의 발달로 기능견은 과학적인 사육과 번식, 심리적인 연구와 훈련이론, 기능견의 계통번식 등으로 크게 발전하게 되었다.

이후 평화시대에도 훈련 성과에 대한 확신은 여러 용도로 활용되기 시작하여 맹인 안내견, 인명 구조견, 마약 탐지견 등 다양한 분야에서 전문적인 역할이 개에게 주어졌다.

3. 동양은 기능으로 선택해서 활용했다

동양은 서양에 비하여 인위적인 교배를 시켜 사람이 원하는 방향대로 개를 만들어 내는 일에 관심이 적었다. 이 지역에서는 사람이 개를 인위적으로 변형시키기보다는 자유 방사 상태에서 번식된 개들 중 성능이 좋은 개체를 선택하여 사육하는 방식의 소극적 개입이 일반적이었다. 사람이 개입하여 어떤 모양에 어떤 성격을 지접 만들기보다는 주변에 있는 개들을 곁눈질로 슬그머니 지켜보고 있다가 제주가 좋은 개들을 골라 쓰는 방식의 애견문화였던 것이다. 이들은 같은 지역, 같은 문화에서도 개체마다의 형태적 성품의 특성이 매우 다양한 편이며, 엄밀한 의미에서는 하나의 견종으로 인정하기에 다소 모호함을 가지고 있는 개들이라고 볼 수 있다.

그 결과 동양에는 개들 스스로 자유롭게 교배되어 특정 견종이라고 말하기 어려울 정도로 형태와 성격이 너무나도 다양한 그룹이 불규칙하게 분포되었다. 교통이 편리한 지역에서는 일찍부터 여러 가지 형태와 성품을 가진 개들이 자유롭게 혼합교배 되면서 일정한 형태적 특징을 논하기 어려운 개들이 발생되어 오랜 기간 동안 산재하고 있었다. 그중 한국과 중국, 일본에는 개체가 많고 적은 것을 떠나서 키가 약 50cm에 귀가 쫑긋 서고, 머리 구조는 늑대와 닮았으며, 탄탄한 체구에 꼬리를 위로 들거나 말아 올린 형태의 개들을 공통적으로 볼 수 있다.

그림 1-12 진돗개 황구

그림 1-13 진돗개와 닮은 중국개와 몽고개

동남아시아 또한 각처에서 귀의 크기가 좀 더 크거나 두개골이 갸름한 것과 털이 짧은 것을 제외하고는 위와 유사한 형태의 개들을 볼 수 있다. 이러한 형태의 개들은 수렵 본능, 대소변을 가리는 청결 특성 등 서양의 인위적 선택번식을 통해 발생된 견종들에 비하여 비교적 야성적인 기질을 많이 보유하고 있는 것도 사실이다.

그러나 동양의 모든 지역이 자유 방치상태에서 개들 스스로 짝을 맺어 번식해 왔던 것은 아니다. 중국에서는 왕실의 유희적 관심으로 인해 지금으로부터 약 5,000년 전부터 이미 소형견의 개량이 이루어졌으며, 서기 400년경에는 페키니즈(인위적 번식으로 얼굴이 극단적으로 짧아진 소형견)와 닮은 개를 사육하고 있었던 근거를 찾아볼 수 있다. 그러한 과정을 통해 페키니즈를 비롯하여 시츄, 퍼그, 차우차우 등의 개들과 마스티프의 영향을 받은 것으로 추정하는 주름이 많은 샤페이 등을 개량해 낼 수 있었다.

그림 1-14 중국을 기원으로 하는 시츄

그림 1-15 티베탄 마스티프와 닮은 몽고 개

유목생활을 중심으로 해 온 몽골에서는 귀가 늘어지고 체격이 건장한 티베탄 마스티프의 영향을 받은 목축용 개와 날렵하게 생긴 수렵용 개들을 이용해 왔다. 이들의 개에 대한 사랑은 매우 절대적이었으며, 한 가족으로서의 관념으로 개들을 기른다. 일꾼이었던 개가 죽으면 다음 생에서는 사람으로 태어나라는 의미로 꼬리를 자르고 묻어 준다.

한편 티베트에서는 매우 특이한 모양의 개들이 선호되었다. 티베트에서 처음 유래되었을 것으로 추정되는 거대한 체구의 티베탄 마스티프가 생겨났다. 털이 길어 눈을 가리고 있는 티베탄 테리어, 라사압소나 페키니즈의 형성에 영향을 미쳤을 것으로 추정하는 티베탄 스파니엘 등이 그들만의 특이하고 귀여운 모습으로 여성들이나 승려들로부터 사랑을 받아 왔다. 티베트에서 이렇게 특이한 모습을 가진 견종이 번성할 수 있었던 것은 특이함을 좋아하는 티베트인들의 기질과 잡귀 등을 물리쳐 준다는 종교적 믿음에서 시작되었을 것으로 보고 있다. 이들은 크기나 모양, 털 등 일정한 특색을 지닌 개체들을 중복적으로 교배시킴으로써 견종으로 고정화하였을 것이다.

동양은 아직도 중국 등에 세계 애견 관련 협회로부터 공인되지 않은 많은 견종들을 보유하고 있는 지역이다.

그림 1-16 거대한 티베탄 마스티프 / 중국인은 '짱오'라고 부름

4. 견종은 '사람들 간의 약속'에 의해 정해진다

개는 오랜 역사를 통해 수많은 견종으로 분화되어 각각의 특징을 선보이면서 각기 취향이 다른 사람들에게 선택되어 사랑을 받아 왔다. 여기에서 지금까지 계속적으로 언급되었던 '견종'의 의미를 정의할 필요가 있다.

개를 포함한 동물들에게 나타나는 각각의 특징을 형질이라고 하며, 그중에서 자손에게 유전되는 것을 유전형질이라고 한다. 이러한 유전형질 중에는 형태 · 색깔 · 크기 · 기능 등 표면에서 관찰할 수 있는 형질로 나타난 것을 '표현형'이라 한다.

유전형질에서 표현형이 발현될 때까지의 과정에는 각종 유전적 조절 메커니즘이 작용하여, 발현 시기와 개체에 따른 발현 장소가 정해진다. 또 유전자의 종류에 따라 그 발현이 환경조건의 영향을 받는 것도 있다. 따라서 표현형이 비슷해도 유전자형이 같다고 할 수 없고, 반대로 표현형이 달라도 유전자형이 다르다고 할 수도 없다. 특히 유전자의 형질 발현 과정에서 유전자 그 자체는 변화하지 않지만 환경 변화에 따라 다른 유전자형의 표현형과 서로 다른 형질이 발현되는 경우도 있다. 유전형질에는 특정한 조건을 지배하는 유전자가 있으면 반드시 표현형질로 나타나는 것이 있는데, 이를 '우성형질'이라 하고 이것을 지배하는 유전자를 우성유전자라 한다. 이에 대해 유전자가 있어도 우성형질에 가려져서 나타나지 않는 형질을 '열성형질'이라 하고, 이를 지배하는 유전자를 열성유전자라 하는데, 우성 · 열성 양유전자는 상동염색체의 같은 유전자 자리에 자리 잡고 있다. 동물들은 부모로부터 물려받은 이러한 유전자에 의하여 모양과 크기와 성질과 기능이 결정된다고 할 수 있다.

생물학에서는 분류학자, 유전학자, 생태학자들 간의 견해 차이에 의해 종의 개념이 명확하게 정의되지는 않았지만, 기본적으로 형태적, 생리적, 생태적으로 서로 공통되는 성질을 가진 생물의 집단을 '종'이라는 개념으로 분류하고 있다.

인위적인 통제가 없는 자연 상태에서 같은 종류의 생물이 지리적 또는 생태적으로 격리되어 형태상의 차이가 생기게 되는 경우 이를 '아종'으로 분류한다. 이에 반하여 인위적인 순계의 분리, 교잡, 유전자 돌연변이의 이용 등을 통하여 생긴 변이(變異)를 분리하여 고정시키고, 후대까지 균일한 외모가 전달되도록 인위적인 선택을 계속해서 동일 종 내의 다른 집단과 구별할 수 있게 된 새로운 계통을 만들어 낸 것을 품종 또는 순종이라고 표현한다.

이러한 인위적 선택번식을 통한 고정화가 이루어지기 이전에 하나의 종류 속에 여러 형질을 내포하고 있어 품종의 조상으로 활용되는 재래종이나 야생종을 '원종'이라고 한다. 이들이 교잡된 결과 일정한 특징이 없이 불규칙하게 여러 형태와 성질로 나타난 것을 '잡종'이라고 표현한다.

결국 순종이라는 것은 원종 또는 잡종을 인위적으로 선택번식하여 일정한 범위 안의 형태와 성질, 기능 등을 가지도록 형질을 고정화하고, 이렇게 균일하게 고정된 유전 형질이 지속적으로 유지되도록 정형화된 것을 말하는 것이다. 이는 사람들의 필요에 따라 모양이나 용도가 바뀌는 것이며, 순종의 모양 또한 시대의 흐름에 따라 변화될 수 있다. 그러나 동물 번식에 있어서 완전한 순종을 만들어 낼 수는 없다는 것을 알아야 한다.

흔히 개의 경우 순종 여부를 판단할 때 털의 길이, 털의 색깔, 몸의 크기, 눈의 모양, 귀의 형태, 두개골의 형태 및 면적 등으로 판단한다. 이러한 형질들은 유전형질로서 자손에게 유전된다. 이러한 형질들이 우열 관계가 있을 경우 겉으로 드러나는 형질로만으로는 순종 여부를 판단하기는 어렵다. 하지만 동일한 형질을 보이는 부견과 모견 사이에서 태어난 새끼는 순종일 확률은 높아지게 된다. 그 새끼가 동일한 형질을 보이는 배우자를 만나 다시 자식을 낳았을 때도 같은 형질을 가진다면 더욱 더 순종일 확률은 높아지게 된다. 왜냐하면 위의 형질을 가지고 있으면서도 잡종일 경우는 열성은 감추어지며 자손에게 전달될 수가 있기 때문이다. 즉 수 세대에 걸쳐서 같은 형질을 갖는 개들이 교배를 하였음에도 동일한 형질을 갖는 새끼들을 낳는다면 순종으로 분류될 수 있는 것이다.

그런데 우리가 흔히 말하는 견종의 개념은 순종과 약간 다를 수 있다. 견종을 분류하는 기준은 사람들 간의 약속에 따라 달라지며, 전혀 다른 털 모양이나 색깔을 가지고 있는 개체도 하나의 견종으로 포함시키는 경우가 있기 때문에 순종과 견종을 반드시 같다고 말할 수 없다.

견종은 매우 미세한 부분까지 비교하여 분류되는 사례도 있다.

벨지언 쉽독은 같은 형성과정과 역사를 가지고 있음에도 불구하고 털의 모양에 따라 네 가지로 분류되었다. 검고 긴 털의 그로넨달, 꼬불거리는 털을 가진 라케노이즈, 짧은 황갈색 털에 검은 주둥이를 가진 마리노이즈, 황갈색의 긴 털에 얼굴과 귀, 어깨 등에 검은 털이 박힌 테뷰렌이 바로 그들이다. 털이 다른 이유로 견종이 분류된 이들은 일정 기간 동안 서로 분리되어 번식이 이루어진 결과 이제는 성격적으로도 약간의 차이를 가지게 되었다. 털의 모양과 색상이 다른 이유로 견종이 분류된 것에는 스무드 폭스테리어와 와이어 폭스테리어 등도 있다. 심지어는 다른 모든 것이 같지만 단지 귀의 모양 차이만으로 다른 견종으로 구분되는 사례까지 있다. 노르위치 테리어와 노르포크 테리어가 그 전형적인 예이다. 이 두 가지 견종은 기원뿐만 아니라 체형과 성품의 특질까지도 동일하다. 다만 노르위치 테리어는 귀가 서있는 반면 노르포크 테리어는 귀가 아래로 처져 있다. 오랜 기간 동안 이 두 가지 견종은 같은 견종으로 취급되었으나, 영국에서는 1964년에, 미국에서는 1979년에 다른 견종으로 분류하기로 결정하였다.

그림 1-17 그로넨탈

그림 1-18 마리노이즈

그림 1-19 테뷰렌

이와는 반대로 색상이나 모양에서 차이가 있음에도 불구하고 같은 견종으로 분류하는 경우도 있다. 아메리칸 코커 스파니엘을 비롯하여 그레이트 덴, 시베리안 허스키, 뉴펀들랜드, 콜리 등 대다수의 견종은 매우 다양한 털의 색깔(毛色)을 인정하고 있으며, 심지어는 모든 털색을 인정하는 견종도 있다. 털색뿐만 아니라 형태에 있어서도 다양성을 인정하는 견종도 있다. 공인된 견종은 아니지만 투쟁성능을 전제로 개량되어 온 핏불 테리어의 경우에는 매우 다양한 형태가 인정되고 있으며, 그들 나름대로 하나의 견종으로 취급되고 있다.

그림 1-20 노르위치 테리어

그림 1-21 노르포크 테리어

견종의 기원이나 형성 과정을 바탕으로 하여 이상적인 외형 기준과 성품의 특징을 정한 약속을 '견종 표준(breed standard)'이라고 한다. 견종 표준은 통상 발생 배경, 용도, 얼굴의 생김과 몸의 구조를 언급한 형태적 부분, 성격적 특질 등이 기술된다. 모든 견종 표준은 이상적으로 쓰인다. 따라서 견종 표준에 가장 잘 일치하는 개가 전람회에서 우승해야 한다. 그러나 견종 표준은 언어로 표현되며, 매우 추상적이고 함축적인 표현으로 작성된다. 따라서 언어의 모호성으로 인해 정확한 의미의 전달이 어렵다. 이러한 이유로 전문가들은 견종 표준을 놓고 자주 특별한 단어나 문장의 의미에 대하여 논쟁을 한다. 그러하다 보니 표준은 다양한 해석을 가지게 될 수도 있다.

특히 주목해야 할 것은 표준서가 초보자를 위해서 존재하는 것이 아니라는 점이다. 일반적으로 견종 표준서의 저자들은 그 표준을 해석하는 사람이 개와 관련된 용어, 해부학, 개의 행동, 움직이는 개에 대한 관찰력 지식 등을 알고 있다는 가정하에 작성하기 때문이다.

따라서 견종 표준을 잘 알기 위해서는 애견 용어를 공부해야 하고, 개에 대한 바른 지식을 가진 사람들과 많은 대화를 나누며, 애견전람회를 많이 참관하고, 많은 독서와 열린 마음을 가지고 있어야 한다.

견종 표준에 대한 실상을 충분히 인식하기에는 사실 많은 시간이 필요하다. 사전 지식이 없이는 표준에서 "어깨 – 가능한 한 비스듬히 놓여 있다. 비절(hock) – 지면에 꽤 가깝다."라는 추상적인 표현에 대하여 해석을 할 수 없다. 이에 대한 올바른 해석은 해당 견종의 역사, 견종의 목적 등을 통해서 할 수 있다. 만약 스피드가 주 목적이라면 등과 견갑골의 각도는 몇 도에서 최고의 속도를 내겠는가? 썰매를 끌기 위한 견종의 경우 땅에서 꽤 가깝다는 비절은 어느 정도에서 가장 유리한가? 그레이하운드의 경우 속도뿐만 아니라 내구성도 필요한가? 이러한 질문에는 과학적인 분석이 필요하다. 견종 표준에서 특별한 부분이 명확하게 정의되어 있으면 그대로 인정하면 된다. 그러나 특별한 부분에 대해서 설명이 부족하면 심사 위원은 표준이 의미하는 바를 과학적 근거를 토대로 합리적으로 해석해야 한다. 많은 경우 견종 표준은 견종에 대한 지식을 바탕으로 적합한 해석을 필요로 한다.

아메리칸 코카스파니엘의 견종 표준에는 "눈 아래쪽의 뼈대의 구조는 뺨 부분에서 현저하지 않고 매끈해야 한다."라고 표현되어 있다. 일반적으로 코카스파니엘은 사냥물을 회수해 오는 일을 한다. 뺨이 돌출했다는 것은 강한 턱 근육을 가졌다는 것을 의미한다. 강한 턱 근육을 가진 개는 회수해 온 사냥물에 이빨 자국을 남기기 쉽다. 따라서 새를 회수해 올 때에는 상처를 내지 않을 정도의 적당한 악력이 필요하다. 표준서를 정확히 이해하는 사람은 턱 근육이 발달한 코카스파니엘을 좋아하지 않는다. 이처럼 신체 각 부분의 기능에 대한 지식은 표준의 의미를 정확하게 해석하게 해준다.

또한 표준은 상식적인 해석을 필요로 한다. 우리가 '개'라고 얘기할 때 그것은 네 발이 달리고 규정된 수의 이빨을 가지는 등의 정상적인 것을 말한다. 발이 네 개가 있어야 한다는 언급이 표준서에 없다고 하여 세 개의 발을 허락하는 것은 아니다. 표준서는 주된 특징을 설명하는 것이지 모든 세부사항을 기록해 놓은 것이 아니기 때문이다. 대부분의 견종 표준서에서 눈의 수, 다리의 수, 귀, 발톱, 이빨, 갈비뼈 등의 수에 대한 별도의 언급은 없다. 다른 견종과는 구별되는 특이한 신체 구조, 예를 들어 노르웨이의 바위산에서 퍼핀이라는 새를 사냥하는 룬데훈트와 같은 경우에는 견종 표준에 그 특기 사항에 대한 언급이 반드시 있을 것이다. 바위를 움켜쥐기 위해 일반적인 개들보다 한두 개가 많은 발가락의 개수, 바위 구멍을 유연하게 빠져 다니기 위해 보다 광범위한 운동 범위를 가져야 하는 경추골과 90도까지 돌려지는 앞다리 등의 내용을 견종 표준에 기재하고 있다. 따라서 모든 표준서는 쓰인 것 이상의 많은 의미를 담고 있다.

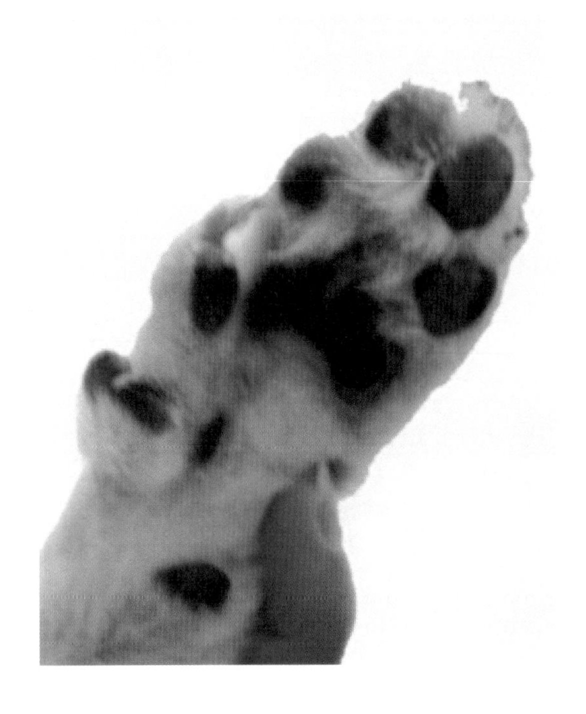

그러나 견종 표준 또한 시대의 흐름이나 유행의 변화에 따라 바뀌기도 하며, 하나의 견종에 대하여 견종 관련 단체마다 다소 상이한 견종 표준을 가지는 경우도 있다. 또한 견종 표준은 모든 견종에 대하여 천편일률적인 원칙을 적용하지 않으며, 그 해당 견종의 특성에 충실하고 있다.

예를 들어 저먼 셰퍼드에서 부정 교합 / 반대 교합(Undershort)은 실격이지만 불독은 부정 교합 / 반대 교합을 표준으로 하고 있으며, 많은 견종들은 뒷발의 덧 발가락을 제거하도록 하고 있지만 피레네즈 마운틴도그는 오히려 제거하면 안 되는 등 일반적인 사항에서 벗어난 것도 해당 견종의 특징으로 인정하여 표준으로 정하는 것이다.

이처럼 견종 표준은 견종의 올바른 상을 정립하고, 번식 방향의 지표가 되기도 하며, 심사의 기준이 되는 지침이기도 하다. 그러나 적은 개체 범위 내에서 동종의 형태를 유지하기 위해 집중적 번식이 이루어진 결과 몇몇 인위적 견종들은 고질적인 질병(고관절 탈구 및 이형성, 피부암, 간질증세, 귀머거리 등)에 시달릴 확률이 높은 폐단도 가지고 있다.

제2편

그룹 구분과 견종 소개

01 애견전람회의 그룹 분류

1. 애견전람회의 필요성

대부분의 애견 품종은 사역 목적에 맞게 발전되어 왔다. 그러나 기계가 발명되고, 환경이 변화함에 따라 일에 사용되는 개의 유용성은 점차적으로 감소되었다. 오늘날 불독은 더 이상 황소와 싸우지 않는다. 닥스훈트는 좀처럼 오소리 사냥을 하지 않는다. 스코티시 디어하운드는 거의 멸종한 사슴을 더 이상 잡을 수 없다. 애견가에 의해 채택되지 않은 많은 견종이 사라졌다. 1941년에 작가들이 자주 언급한 포켓 비글이 사라졌다. 비록 포켓 비글이 제1차 세계대전 전에 영국에서 사냥개로 유명했어도 현재에는 멸종된 것이다. 잉글리쉬 워터 스피니엘, 탤봇 하운드, 라지 워터 독 등도 사라졌다. 만일 이 견종들이 애견가들에 의해 선택되었다면 현재까지 존재할 수 있었을 것이다.

현대 사회에서 개를 작업에 사용하는 일이 점점 감소함에 따라 애완동물로서, 동반자로서 개를 키우는 것이 증가되었다. 이에 따라 인간에게 선택받을 수 있는 외모, 행동을 가진 견종들이 번성하게 되었다. 오늘날에는 더 많은 사람들이 보기에 아름답고 특징 있는 형태의 애견을 원한다. 이에 따라 예술성이 애견평가와 독쇼 심사에 가미되었다. 애견전람회는 쇼를 통하여 견종별 미적 특징을 보여 줌과 동시에 애견인들이 해당 견종의 매력을 느끼고 많이 키우도록 하여 견종의 저변을 확대하도록 하는 기능을 가진다. 지구촌에 알려져 있는 수백 종의 순수견 중에서, 한 나라에서 기르는 사람이 많고 마릿수가 많아지면 공인(公認)을 받게 된다. 전람회는 순종견의 질적 향상과 애견인구의 저변 확대를 유도하고, 애견인은 자기의 애견과 다른 사람의 애견과 비교해 볼 수 있는 풍성한 애견인의 잔치이다. 따라서 출진되는 견종과 숫자와 질 그리고 엄정한 심사가 이루어졌느냐에 따라 그 전람회의 가치가 결정된다.

2. 애견전람회의 종류

애견전람회는 평가기준을 중심으로 크게 두 가지로 나뉜다. 하나는 견종별 표준에 의하여 외형적으로 우수한 개체(Benched show dog)를 선발하는 전람회(Conformation Dog Show)로 우리나라에서 개최되는 대부분의 전람회는 여기에 속한다. 다른 한 가지는 견종별 목적이나 용도에 따라 실질적으로 우수한 능력을 가진 개(Field trial dog)를 선발하고 평가하는 전람회로 훈련 우수견 선발대회나 조렵견으로서의 능력을 평가하는 Birddog Championship 등이 해당된다. 두 종류의 전람회는 견종별 표준에 걸맞은 외형(Hardware)과 그 견종이 가지는 실질적 능력(Software)을 함께 보존하고 발전시키는 상호 보완적인 관계를 지닌다. 일반적으로 애견전람회는 외형을 평가하는 전람회(Conformation Dog Show)를 의미한다.

이 외에도 애견전람회는 대상견종에 따라 분류되기도 한다. 모든 견종이 출진하는 전견종 전람회, 동일한 그룹의 견종만 출진하는 견종군 전람회(그룹 전람회), 한 가지 견종만을 평가대상으로 하는 단독견종 전람회 등이 있다.

3. 전람회에서의 그룹 구분

견종은 앞에서 설명하였듯이 사람들 간의 약속에 의해 구분된다. 애견전람회에서는 견종들을 묶어 그룹(Group)으로 분류한다. 그룹의 분류 기준은 협회마다 다르다. 개의 기능적 측면을 고려하여 나눈 AKC(American Kennel Club)와 KC(Kennel Club/영국)의 분류법이 있고, 기능적 측면과 기원을 고려하여 나눈 FCI(Federation Cynologique Internationale)의 분류법이 있다.

AKC의 그룹 분류기준을 살펴보면 크게 수렵용과 비수렵용으로 나뉜다.

수렵용은 다시 시각과 후각을 통하여 독자적 사냥을 하는 하운드 그룹과 총의 발달로 새롭게 등장하여 사냥을 돕는 스포팅 그룹(건 독 그룹), 굴 사냥을 주로 하는 테리어 그룹으로 나뉜다.

비수렵용으로는 양몰이를 하는 허딩 그룹(패스트롤 그룹), 경비나 썰매를 끌거나 물에서 사람을 구하는 워킹 그룹, 작고 매력 있는 토이 그룹, 동반자로서의 논스포팅 그룹(유틸리티 그룹)으로 나뉜다.

1) 스포팅 그룹(Sporting Group)

일반적으로 조렵견은 활동적이고 민첩하며 호감이 가는 다재다능한 동반자이다. 이 스포팅 그룹에는 포인터, 리트리버, 셰터, 그리고 스파니엘 등이 포함된다. 대다수의 조렵견은 물과 숲에서 사냥뿐만 아니라 다른 분야에서도 활동적으로 그 임무를 계속 수행할 수 있다. 다만 이 조렵견은 컨디션을 유지할 수 있는 규칙적인 운동이 반드시 필요하다.

Britanny	Spaniel, American Water
Pointer	Spaniel, Clumber
Pointer, German Shorthaired	Spaniel, Cocker
Pointer, German Wirehaired	Spaniel, English Cocker
Retriever, Chesapeake Bay	Spaniel, Springer Spaniel
Retriever, Curly Coated	Spaniel, Field
Retriever, Flat Coated	Spaniel, Irish Water
Retriever, Golden	Spaniel, Sussex
Retriever, Labrador	Spaniel, Welsh Springer
Setter, English	Vizsla
Setter, Gordon	Weimaraner
Setter, Irish	Wirehaired Pointing Griffon

2) 하운드 그룹(Hound Group)

대부분의 하운드 그룹은 기원부터 사냥을 위해 쓰였다는 공통점이 있다. 짐승의 냄새 자국을 예리하게 추적하는 것도 있고 빠른 스피드로 사냥물을 추격하여 직접 쓰러뜨리는 것을 장점으로 하는 견종도 있다. 바센지 등 일부 견종은 독특한 음성(짖는 소리)을 내는 특징을 갖고 있기도 하다.

Afghan Hound	Harrier
Basenji	Ibizan Hound
Basset Hound	Irish Wolfhound
Beagle	Norwegian Elkhound
Black & Tan Coonhound	Otterhound
Bloodhound	Petit Basset Griffon Vendeen
Borzoi	Pharoah Hound
Dachshund	Rhodesian Ridgeback
Foxhound American	Saluki
Foxhound English	Scottish Deerhound
Greyhound	Whippet

3) 워킹 그룹(Working Group)

일반적으로 사역견은 인간의 재산과 소유물을 보호하고 지키며 썰매를 끈다거나 물에 빠진 사람을 구조하는 목적으로 기르게 되었다. 이 개들은 수 세기를 통하여 인간에게 아주 유용한 일꾼이었다. 토이 그룹과 마찬가지로 가족에게 귀여움을 받는 반려견으로도 매력적이지만, 대체로 그 크기와 힘에서 토이 그룹보다 월등하다.

Akita	Komondor
Alaskan Malamute	Kuvasz
Bernese Mountain Dog	Mastiff
Boxer	Newfoundland
Bullmastiff	Portuguese Water Dog
Dobermann Pinscher	Rottweiler
Giant Schnauzer	Saint Bernard
Great Dane	Samoyed
Great Pyrenees	Siberian Husky
Greater Swiss Mountain Dog	Standard Schnauzer

4) 테리어 그룹(Terrier Group)

이 그룹은 체구가 작은 견종부터 체구가 큰 에어테일 테리어에 이르기까지 모두 겁이 없고 공격적이며 활동적이다. 그들의 조상은 원래 해로운 동물(맹수)들을 사냥하거나 죽이기 위해 길러져 왔다. 또한 그들의 용맹성을 유지하기 위해 많은 연구와 혈통 보존에 노력을 기울였다. 대부분의 테리어들은 개성 있는 외모와 함께 상처 방지 기능을 위해 비교적 두꺼운 피부를 가지고 있다. 그들은 반려견으로서도 매력적이지만 공격적이고 개성이 강한 만큼 관리에도 주의를 기울여야 한다.

Airedale Terrier	Lakeland Terrier
American Staffordshire Terrier	Manchester Terrier (Standard)
Australian Terrier	Miniature Bull Terrier
Bedlington Terrier	Miniature Schnauzer
Border Terrier	Norfolk Terrier
Bull Terrier	Norwich Terrier
Cairn Terrier	Scottish Terrier
Dandie Dinmont Terrier	Scalyham Terrier
Smooth Fox Terrier	Skye Terrier
Wire Fox Terrier	Soft-Coated Wheaten Terrier
Irish Terrier	Staffordshire Bull Terrier
Parson Russell Terrier	Welsh Terrier
Kerry Blue Terrier	West Highland White Terrier

5) 토이 그룹(Toy Grup)

작은 체구와 사랑스러운 모습은 이 그룹의 주된 특징 중의 하나이다. 토이 그룹의 많은 견종들이 생각보다 예민하고 공격적인 성격을 가지고 있다. 토이 그룹의 견종은 보통 도심지 거주자와 소형 주택을 갖고 있으며, 동일한 생활공간에서 정서를 교감하고자 하는 사람들에게 인기가 높다.

Affenpinscher	Miniature Pinscher
Brussels Griffon	Papillon
Cavalier King Charles Spaniel	Pekingese
Chihuahua	Pomeranian
Chinese Crested	Poodle (Toy)
English Toy Spaniel	Pug

Italian Greyhound	Shih Tzu
Japanese Chin	Silky Terrier
Maltese	Yorkshire Terrier
Manchester Terrier (Toy)	

6) 논스포팅 그룹(Non-sporting Group)

비조렵견(Non-Sporting Group)에는 매우 다양한 견종이 속해 있다. 이 그룹에는 차우차우, 달마티안, 프렌치 불독 등 서로 다른 성격과 외모를 가지고 있는 건장한 체격의 견종이 많이 있다. 크기, 털 색깔 그리고 용모가 매우 특이한 견종도 많으며 푸들과 라사압소 등도 이 그룹에 포함될 정도로 범위가 넓다. 결론적으로 말하자면 이 그룹은 광범위한 견종들이 포함되어 있다.

American Eskimo Dog	French Bulldog
Bichon Frise	Keeshond
Boston Terrier	Lhasa Apso
Bulldog	Poodle (Miniature and Standard)
Chinese Shar-Pei	Schipperke
Chow Chow	Shiba Inu
Dalmation	Tibetan Spaniel
Finnish Spitz	Tibetan Terrier

7) 허딩 그룹 (Herding Group)

허딩 그룹은 AKC에서 가장 나중에 분류된 견종 그룹이다. 이 그룹의 견종은 과거에 엄청난 능력을 가지고 있었다. 웰시코기는 다리가 짧고 작지만 뛰어난 순발력과 빠른 발을 이용하여 자신보다 덩치가 몇 배나 큰 방목된 소 떼를 관리할 수 있다. 허딩 그룹에 속한 대부분의 개는 농장에서 기르는 가축과 싸우지 않는다. 본능적으로 너그러운 행동 방식으로 양이나 소 떼를 몰 수 있으며 그의 주인이나 어린이들에게도 매우 점잖은 편이다. 또한 훈련 습득 능력이 뛰어나서 목축 외에 다용도로 활용되기도 한다.

Australian Cattle Dog	Canaan Dog
Australian Shepherd	Collie
Bearded Collie	German Shepherd Dog
Belgian Malinis	Old English Sheepdog
Belgian Sheepdog	Puli
Belgian Tervuren	Shetland Sheepdog
Border Collie	Welsh Corgi, Cardigan
Bouvier des Flandres	Welsh Corgi, Pembroke
Briard	

4. 애견전람회의 진행방법

애견전람회는 견종별, 성별, 연령 등에 따라 각 조가 편성되어 평가된다. 연령별로는 통상적으로 1년 미만(Puppy), 2년 미만(Junior), 2년 이상(Adult)으로 편성되고, 협회에 따라서는 연령대를 세분화하여 보다 많은 조로 편성하기도 한다. 연령별로 견종별 최우수견(BOB / Best of breed)을 선발하고, 동일 그룹 내에 속하는 견종별 최우수견 중 그룹 최우수견(BIG / Best in group)을 선발한다. 그리고 최종적으로 그룹 최우수견 중 당일 출진견 중 최우수견(BIS / Best in show)을 선발하는 방식으로 이루어지며, 이보다 훨씬 더 복잡한 체계로 이루어지기도 한다.

5. 애견심사의 고려사항

앞에서도 언급했듯이 외형적 우수성을 평가하는 애견전람회(Dog show)에서 최우수견은 실질적 능력에 의해 뽑히는 것이 아니라, 전문가의 감정에 의해서 선출된다. 현재에 와서 많은 종류의 견종들은 과거의 실용적인 측면에서 쇼독이나 반려견으로서의 가치가 더욱 큰 비중을 차지하고 있다. 현대에 와서 비글은 토끼 추적에 더 이상 사용되지 않는다. 라브라도 리트리버는 새를 회수해 오는 데 더 이상 사용되지 않는다. 전람회에 출진하는 그레이하운드의 인내력을 시험하려고 상당한 거리를 달릴 필요가 없다. 즉 심사 위원이 관찰하여 견종 표준에 부합한 개를 선출하는 것이다.

과학에서는 모든 것을 정량적, 정성적, 수식적, 예견적으로 정리한다. 과학의 기초는 측량이다. 만약 독쇼 심사가 과학적 측면만을 고려 대상이라고 한다면, 심사 위원이 필요 없고 측정 위원회가 개의 각 부위의 수치를 재어 상을 주면 될 것이다. 하지만 링에서의 심사가 전적으로 측정에만 의지하는 것이 아니기 때문에 심사는 예술로 분류된다.

이것은 과학적 원리에 대한 지식이 필요 없다는 것을 의미하지는 않는다. 개의 구조에 대한 과학적인 분석으로, 토끼와 같이 비절(뒷다리에서 사람의 발꿈치에 해당되는 부분)이 높으면 초기 속도에 유리하고, 비절이 낮으면 지구력에 유리함을 알아냈다. 굵고 무거운 근육은 힘을 쓰는 데 유리하고, 길이가 충분하고 잘 부착된 견갑골은 부드러운 걸음을 만들어 낸다. 그러한 사실을 파악함으로써 인간은 주어진 목적을 수행하는 데 최상의 개를 선택할 수 있다. 과학적인 지식은 심사의 예술성에 도움이 된다. 과학적 지식 없이 심사를 하면 심사의 질이 떨어진다.

따라서 독쇼에서 개의 가치를 심사할 때 다음 사항들이 고려된다.

1) 견종 목적	2) 목적을 유용하게 하는 과학적 원리
3) 예술적이고 심미적인 매력	4) 견종 표준의 적용
5) 전통	6) 타입
7) 건강	8) 매력 포인트
9) 행동	10) 해부학적 구조
11) 역사성	

위 항목의 순서는 중요한 순서대로 나열한 것은 아니다. 모든 것이 필수적이지만 몇몇 견종에서는 어느 한 것이 다른 것보다 더 중요할 수 있다.

1) 견종 목적

시야가 탁 트인 곳에서 사냥물을 보고 직접 쫓아서 잡는 개는 필요한 정도의 적당한 근육을 갖추고 비만하지 말아야 하며, 다리가 길어야 하고, 빨라야 한다(그레이하운드). 구릉이 많고, 덤불이 많은 지형에서는 스피드뿐만 아니라 유사시 구릉을 뛰어넘을 수 있는 도약 능력이 있어야 한다(아프간하운드). 오소리를 사냥하러 굴에 들어가는 개는 다리가 짧은 것이 유리하고 용감해야 한다(닥스훈트). 물에서 운반하는 개는 물갈퀴가 필요하다(체사피크 베이 리트리버). 만일 개가 북극에서 산다면 추위로부터 보호하기 위하여 빽빽

한 하층모를 가져야 하며, 눈에서 걷기에 용이한 큰 발을 가져야 한다.

그러나 모든 개가 작업용이거나 사냥을 하는 것은 아니다. 몇몇 종류는 사람을 즐겁게 해 주는 역할을 한다. 말과 같은 걸음걸이는 보기에는 좋다. 하지만 그것은 작업 능력을 향상시키는 걸음걸이는 아니다. 개에게 말과 같은 걸음걸이는 사람의 눈을 즐겁게 해 줄 뿐이지 운동의 효율이 증가하는 것은 아니다(미니어처 핀셔). 이처럼 대부분의 개는 사람이 원하는 방향으로 계획된 선택번식을 통해 특별한 목적에 점점 더 부합하게 변화된다. 미래에는 새로운 환경에 적응된 다른 타입의 개들로 발전시킬 것이다.

2) 과학적 원리

속도에 대한 과학자와 예술가 사이의 관점의 차이는 다음과 같다. 과학자는 '그레이하운드에서 최고의 속도를 낼 수 있는 올바른 뼈의 위치와 길이, 근육, 힘줄, 관절은 어떤 것인가?'를 생각하고, 예술가는 '개가 빠르게 보이도록 하기 위해서는 그레이하운드의 각 부분이 어떤 조화를 이루어야 하는가?'를 생각한다.

용모를 관찰할 때 착시가 생길 수 있으므로, 건전한 과학적 사실에 의존하는 것이 좋다. 훌륭한 과학적 지식을 갖고 있는 사람들은 뒤로 약간의 곡선을 그리는 아치형의 목이 양과 같은 모양의 목보다 구조적으로 강하다는 것을 알고 있다. 또한 스포팅 그룹의 개는 속보 시 발자국이 일자로 형성(싱글 트랙)되어야 한다는 것을 이해할 수 있다. 각 부분의 기능에 관한 과학적 지식은 훌륭한 심사를 하는 데 필요한 요소이다.

3) 심미적 외모

같은 그림을 보고 어떤 사람은 아름답다 말하고, 또 어떤 사람은 추하다고 얘기할 수 있다. 전문가들 사이에도 심미적 측면의 의견은 상당히 다양하다. 아름다움이나 균형이 심사의 대상이라면 언제든지 다양한 의견이 생길 수 있다. 이상하게 들릴지 모르지만, 독쇼에서 유능한 심사 위원들이라고 해도 항상 같은 개를 선출하지는 않는다. 외모에서 예술적 관점을 심사할 때 규격화된 틀이나 원칙을 정할 수는 없다. 이성의 한계 내에서 의견이 다양할 수 있다. 이러한 이유 때문에 개의 평가를 원한다면, 여러 의견을 들어봐야 한다.

4) 견종 표준의 적용

모든 견종 표준은 이상적으로 쓰여진다. 견종 표준에 가장 잘 일치하는 개가 독쇼에서 우승해야 한다. 그러나 불행하게도 우리의 언어는 의미에 있어서 항상 모호성이 존재한다. 그렇기에 전문가들은 자주 특별한 단어나 숙어의 의미에 대하여 논쟁을 하기도 하고, 다양한 해석을 하기도 한다. 그러나 견종 표준은 해당 견종에 대해 역사성과 번식 경험과 표현과 체구 구성에 정통한 심사 위원에 의해 정확하게 해석되고 적용되어야 한다.

5) 전통적인 심사

구전으로 전해 내려오는 표준에 의해 심사하는 법을 전통적인 심사라고 한다. 퍼그는 구조상 보행 시 몸체가 좌우로 흔들리는 현상(롤링)을 보이는 것이 당연하지만 1991년까지 견종 표준에 언급되어 있지 않았다. 하지만 사람들은 전통적으로 퍼그의 롤링을 알고 있었고, 심사 또한 그러한 사실에 입각하여 행해져 왔다. 견종 표준은 쇼에서 고려해야 할 모든 사항에 대해 언급할 수는 없다. 견종의 본래의 목적과 전통을 앎으로써 견종 표준에 언급되지 않은 점들도 심사 시에 고려되는 것이다.

6) 타입(Type/종족적 표현)

타입은 다른 견종과 구별되는 그 견종의 특징이라고 정의할 수 있다. 타입에서는 구조, 운동, 기질, 매력 포인트 등을 구체적으로 표현한다. 각각의 견종들은 주어진 환경 아래에서 목적과 기능에 기초하여 확립된다. 최근에는 견종 특징을 견종 표준에서 언급하고 있다.

일반적 타입은 견종 표준에 언급되어 있지만, 세부적 사항은 주의 깊게 관찰해야 한다. 눈의 표현, 특징적인 보행, 털 구조 등은 견종 표준에서 설명하기 어렵다. 단지 많은 훌륭한 개들을 봄으로써 뇌리에 새겨 놓아야만 한다. 앞에 언급했던 것처럼 견종 표준은 항상 명확하지 않고 자주 해석을 필요로 한다. 만약 타입이 견종을 구분하는 특징이거나 표준에서 단어의 의미를 해석하는 것이 필요하다면, 해석하는 사람에 따라서 타입은 다양할 수 있다.

어느 견종의 올바른 타입은 하나라고 주장하는 사람들도 있다. 단지 하나의 올바른 타입이 있다는 것은 사실일 수도 있지만, 수치로 표현하거나 측량으로 표현할 수 있는 것은 아니다. 일반적으로 애견 전문가들은 해당 견종의 바람직한 타입에 대한 인식이 이미 확립되어 있다. 그러나 불행하게도 그 상은 다른 사람과 항상 동일하지는 않다. 따라서 전문가 사이에도 다소 상이한 의견이 존재할 수 있다.

7) 건강

건강은 정신적, 육체적 건강을 모두 포함하는 말로서 조직과 기능이 완전하고 서로의 관계가 정상적인 것을 의미한다. 각 견종의 건강은 견종 표준에 정의된 대로 기본 목적을 수행하는 데 적합한 구조를 말한다. 불독은 앞다리가 짧고 어깨와 앞다리 사이가 넓은 몸체를 가진다. 이런 외모의 불독이 건강한 불독이지만, 폭스 테리어의 경우에는 이런 외모는 건강하지 못한 것이다. 즉 건강하지 못하다는 것은 선천적이거나 후천적 장애로 절룩거리거나 눈이 멀었거나 귀가 먹은 경우와 같은 명백한 육체적 결함이나 성격의 결함은 물론, 구성의 결함이나 조화의 부족 등도 포함한다. 간단하게 말해서 건강은 기능의 적합성을 말한다.

8) 매력 포인트

달마티안은 점들을 갖고 있다. 이 점들이 비록 달마티안을 더 잘 달리게 하거나 건강하게 만드는 것은 아니지만, 달마티안의 유형을 잘 말해 준다. 닥스훈트는 땅을 파고 굴에서 잘 기기 위해서 짧은 다리를 갖고 있다. 짧은 다리는 매력 포인트가 아니라 목적에 부합한 구조의 결과이다. 견종 표준에서 많은 개들이 어두운 눈을 갖고 있어야 한다고 되어 있다. 노란 눈은 때때로 실격인 견종도 있다. 그러나 아직까지 북극이나 온대 지역에서 노란색의 눈이 시력에서 떨어진다는 얘기를 하는 사람은 없다. 몇몇 북극 견종에서 '검은 눈을 가져야 한다'는 단지 매력 포인트일 뿐이다.

저먼 셰퍼드에게 피부에 여분이 생기는 것은 치명적인 결함으로 취급되지만 샤페이의 경우에는 많은 피부 주름이 매력 포인트로 요구된다. 몇몇 견종에게는 긴 털이 요구되지만 덤불 지역에서 사냥할 때에는 긴 털이 불리할 수도 있다. 그것은 단지 매력 포인트일 뿐이다. 따라서 개에게 요구되는 모든 것을 구조적 유리함이나 이용 목적의 관점에서 생각해야 하는 것이 아니다.

또한 많은 사항들은 심미적 이유에서 기인한다. 그러나 이런 심미적인 매력 포인트는 개를 심사하는 사람의 지극히 주관적인 판단에 의해 결정되는 것이 아니라 견종 표준 등에 정해져 있는 범위 내에서 생각해야만 한다.

9) 행동

견종 표준에는 그 견종의 행동에 대해서는 충분히 설명하고 있지 않지만, 대부분의 사람들은 그 행동양식을 알고 있다. 후각 사냥개는 통상 여러 마리가 그룹을 이루어 사냥 대상물을 추적하므로 상호 간의 호전성을 가지면 안 되며, 평화로운 성격을 갖고 있어야 한다. 새를 사냥하는 조렵견 또한 사육장에서 평화 공존하는 개들 중에서 선별한다. 서로 싸우는 개는 조렵견으로 적합하지 않은 행동이다. 군견과 경비견은 크기와 사나움을 고려해서 선별된다. 요즈음 미국, 영국, 캐나다 등지에서는 온화한 행동 패턴을 갖고 있는 개들을 선호한다.

견종 표준에 그 견종의 행동 양식을 명확하게 정의하고 있지 않지만 해당 견종에게 요구되는 행동을 고려해야 한다. 테리어 링에서 활동적이지 못하고 의기소침한 개는 좀처럼 우승할 수 없다. 견종 표준에 행동 양식이 문자화되어 있지 않을지라도, 전통적으로 각 견종에서 요구되는 행동은 심사에서 평가된다.

10) 해부학

개의 해부학에 대한 지식은 훌륭한 심사와 번식에 필수적이다. 해부학을 이해하기 위해서는 전문 용어를 알아야 한다. 수의학에서 가르치는 해부학 책을 참고하면 많은 지식을 얻을 수 있다. 해부학에 대한 이해가 요구되는 것은 개의 신체 구조와 운동 원리를 이해하는 기초가 되기 때문이다. 그러나 애견 심사에서는 질병을 고치거나 수술을 하기 위한 수의학적 관점을 요구하지 않는다.

11) 역사성

오늘날 대부분의 영국 견종은 그레이하운드, 불독, 블러드 하운드, 폭스 하운드,

스패니쉬 포인터, 테리어(많은 종류의 테리어가 불독과 교배되었음) 등을 교배시켜 만들었다. 번식에 있어서 그레이하운드는 속도를 높이기 위해 사용되었고, 폭스 하운드와 블러드 하운드는 후각 능력의 향상을 위해서, 테리어와 불독은 끈기와 용기를 위해 사용되었다. 리트리버도 순종이 아니라 교잡에 의해 탄생되었다. 그레이하운드의 구조는 영국 기원의 스포팅 그룹의 견종에서 발견된다(등에 가벼운 아치를 형성하는 것). 살루키는 그레이하운드보다 고대 견종으로 추정하지만, 영국에서 토끼 사냥을 할 때 많이 사용되지 않았기 때문에 새로운 견종을 만드는 데 사용되지는 않았다. 현재 보이는 아메리칸 코카 스파니엘의 풍부한 털은 사냥하는 데 도움이 되는 것이 아니라, 사람들의 시각적 즐거움을 위해서 있다.

시대가 변하고 있다. 오늘날 우리가 개에게서 원하는 것은 과거와는 분명히 다르다는 것을 알아야 한다. 만약 특정 견종의 실용적 목적이 상실된다면 그 견종은 사라질 것인가? 아니면 새로운 환경과 용도로 사람들의 사랑을 받으며 살아남을 것인가? 몇몇 견종은 그 견종이 형성된 원래의 목적에서 변화되어 왔고, 또 몇몇 견종은 원래의 목적에 아직도 사용되고 있다. 그리고 일부 견종은 사람들로부터 외면되어 결국 견종의 명맥을 유지하지 못하고 사라졌다. 견종이 흥하고 사라지고의 여부는 전적으로 애견가들의 선택에 달려 있기 때문이다.

02 견체 구조와 운동

1. 개의 신체 골격과 주요 특징

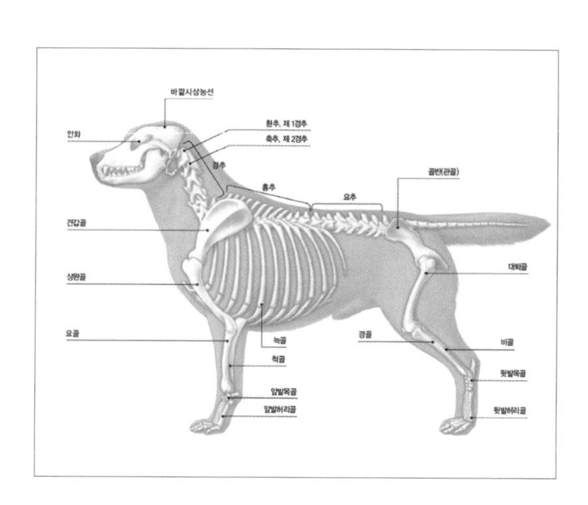

개는 조상인 늑대의 신체 구조 특징을 물려받아 초식동물보다 길고 유연성 있는 척추를 가지고 있다. 앞다리는 견갑골이 늑골(갈비뼈)에 관절이나 인대가 아닌 근육으로만 연결되어 넓은 운동 범위를 가지며, 뒷다리는 대퇴골이 골반 뼈의 홈에 들어가 있어 견고하고 힘찬 운동을 가능하게 한다. 또한 운동을 할 때 체내에서 발생되는 열을 호흡기를 통해 효율적으로 냉각할 수 있어 고양이과 동물에 비해 지구력에도 강점을 가진다.

2. 머리 구조

머리는 견종별 특징이 가장 잘 나타나는 곳이다. 늑대가 개로 변화되면서 어떤 견종은 주둥이가 극단적으로 짧아지기도 했고, 또 어떤 견종은 늑대보다 긴 머리 형태를 가지게 되었다. 머리 형태에 따라 기능과 표현은 상당히 다양하게 변모되었다. 물론 늑대의 머리 형태와 비슷한 구조를 유지하고 있는 견종들도 많다. 머리의 형태에 따라 크게 단두형, 중두형, 장두형으로 나뉜다. 3가지 유형의 중간적 형태도 있다.

장두형은 이마에서 주둥이로 이어지는 선이 밋밋하여 액단(Stop)이 뚜렷하지 않으며, 코(비강)의 길이가 길어 운동 때문에 오르는 체열을 냉각하는 기능이 좋다. 반면 이마 위에서 아래턱까지의 깊이가 얕아 무는 힘에 관여하는 근육이 붙을 면적이 좁아지면서 상대적으로 악력은 약한 편이다. 이마의 면적이 좁아 눈이 양옆으로 붙으면서 시야가 270도 이상 넓어진 특징도 있다. 그레이하운드, 살루키, 보르조이 등 대부분의 시각형 사냥개(Sighthound)들이 이런 장두형이다. 교합(상악과 하악의 결합)은 위쪽 앞니가 아래쪽 앞니를 가볍게 덮는 정상 교합이 대부분이고, 하악 약화를 막기 위해 앞니끼리 마주치는 절단 교합도 인정하는 경우가 있다.

그림 2-1 장두형 : 냉각기능 우위, 악력 열위

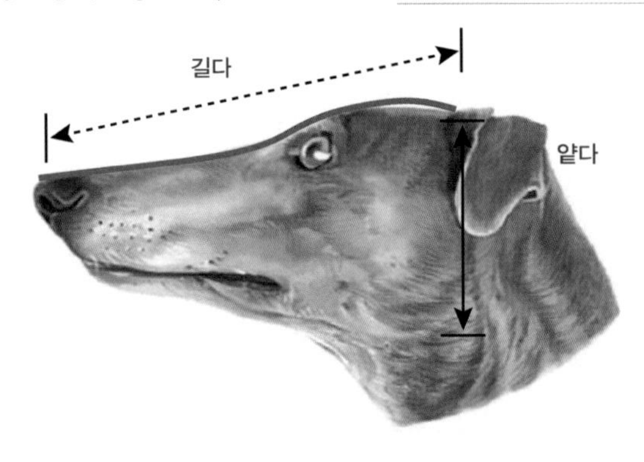

그림 2-2 중두형 : 냉각기능과 악력 보통

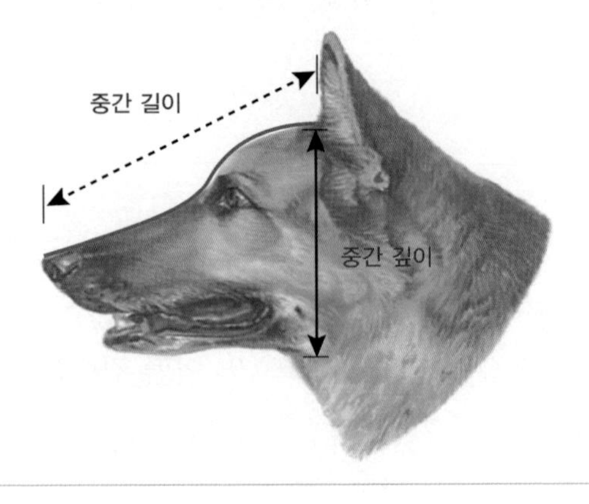

중두형은 이마에서 주둥이로 이어지는 선이 약간의 굴곡을 이루어 액단(Stop)이 뚜렷하며, 늑대와 유사한 구조를 유지하고 있다. 중두형은 냉각 기능과 악력, 시야 등 어느 한편에 치우치지 않고 고른 기능을 유지한다. 교합은 정상 교합이다.

단두형은 이마에서 주둥이로 이어지는 선이 급경사를 이루어 액단(Stop)이 꺾여 있으며, 주둥이와 코(비강)의 길이가 짧아 체열이 오를 때 냉각을 시킬 수 있는 면적이 좁다. 주둥이가 극단적으로 짧은 단두형이 과한 운동을 하면 졸도하는 경우가 많은 것도 이 때문이다. 반대로 밖의 찬 공기를 데울 수 있는 공간도 짧아서 겨울에 감기에 걸릴 가능성도 높다. 넓은 이마에 두 눈이 앞으로 위치해서 시야는 좁다. 반면 이마로부터 아래턱까지가 깊어 무는 힘에 관련된 근육이 부착될 공간이 많다 보니 악력은 상대적으로 강하다. 상악의 길이가 줄어드는 것보다 아래턱의 길이는 덜 줄어들어 아래 앞니가 위의 앞니보다 앞으로 나온 반대 교합이 대부분이다. 이런 형태의 견종은 태아 때의 모습인 짧은 주둥이가 자라지 못하는 변이 때문에 생겼다.

그림 2-3 단두형 : 냉각기능 열위, 악력 우위

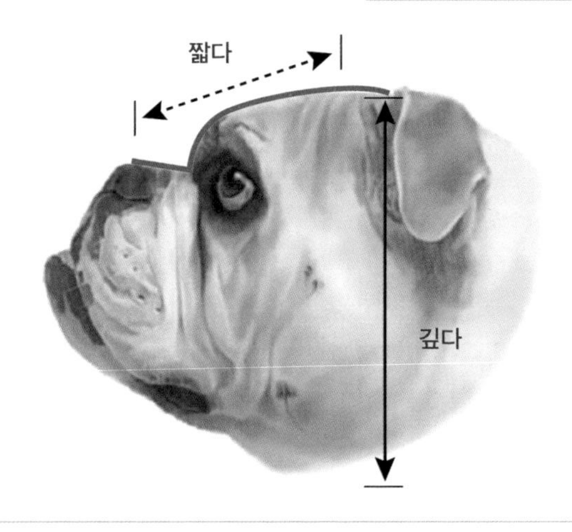

그림 2-4 코 속 비강 혈관을 통한 체혈 냉각

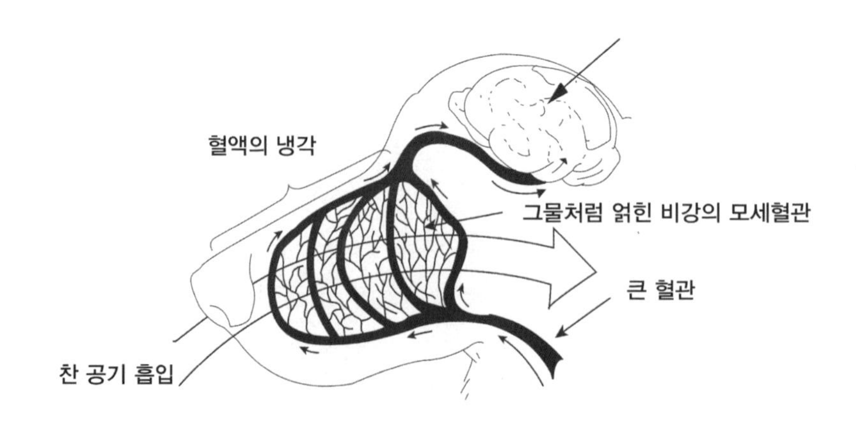

표 2-1 치아의 구성

구 분	위	아래	합 계
앞니(절치)	6	6	12
송곳니(견치)	2(양쪽 각 1개)	2(양쪽 각 1개)	4
앞어금니(전구치)	8(양쪽 각 4개)	8(양쪽 각 4개)	16
뒤어금니(후구치)	4(양쪽 각 2개)	6(양쪽 각 3개)	10
합 계	**20**	**22**	**42**

3. 척추와 몸통

척추는 머리와 몸통을 이어주는 목뼈(경추골 7개), 갈비뼈가 연결되어 있는 등뼈(흉추골 13개), 허리뼈(요추골 7개), 허리와 꼬리의 중간에 위치한 천추(천추골 3개), 그리고 꼬리뼈(미추골 최대 22개)로 이루어져 있다. 흉추에는 아래로 갈비뼈(늑골)가 이어지면서 심장과 폐 등 장기를 보호하는 용기 역할을 한다.

목으로부터 엉덩이까지 이어지는 윗선을 흔히 Top Line이라고 하며, 등과 허리, 엉덩이까지 이어지는 선의 형태를 배선(背線)이라고 한다.

그림 2-5 개와 말의 경추와 흉추 비교

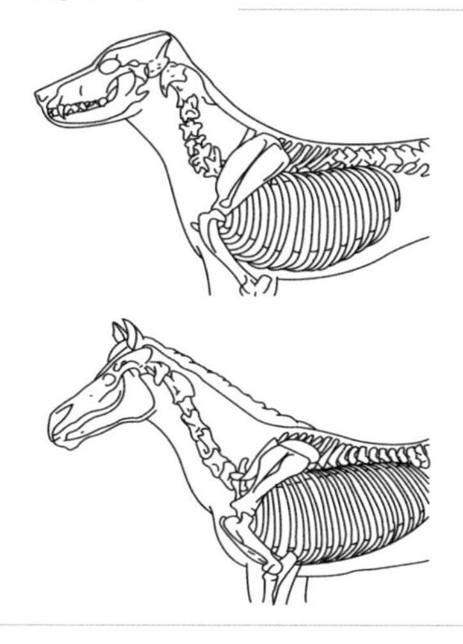

뒷머리뼈(후두골)와 1번 목뼈(환추골) 사이에서는 위와 아래의 운동(끄떡끄떡)이 일어나고, 1번 목뼈(환추골)와 2번 목뼈(축추골) 사이에서는 머리를 돌릴 수 있는 회전 운동(도리도리)이 일어난다. 나머지 목뼈는 꽤 광범위한 관절운동을 할 수 있다. 목이 길수록 이에 비례하여 몸통과 다리도 길어져 보폭이 넓어지고, 질주 시 방향 전환에 관여되는 역할도 커지는 경향이 있다. 개의 머리와 목의 위치는 일반적으로 걸을 때 높게 유지되고 질주 등 속도가 빨라질수록 낮아진다.

등뼈(흉추골) 중 앞의 9개는 갈비뼈 아래가 흉골로 단단하게 연결되어 있다. 그래서 운동에 제한이 있기 때문에 위아래나 옆으로 굽힘 운동은 거의 없다. 뒤에 위치한 나머지 등뼈(10~13번 흉추골)의 아래로 연결되는 갈비뼈는 떨어져 있다. 그 뒤로 이어지는 허리뼈(요추골 7개)도 비교적 넓은 범위의 굽힘 운동이 일어난다. 그래서 개가 질주를 하거나 방향전환을 하는 등의 운동 시 몸통에 있는 척추의 굽힘 운동은 주로 10~13번 흉추골과 요추골(7개)에서 일어난다. 개가 대변을 볼 때 아래로 휘어지는 곳도 주로 이 부분이다.

배선의 형태는 견종의 용도와 기능에 따라 달라진다. 어깨 높이와 엉덩이 높이가 비슷한 수평의 배선(level back)은 질주 능력과 속보, 지구력을 겸할 수 있는 융통성 있는 형태로 가장 많은 비중을 차지한다. 수평의 배선이라도 약간의 굴곡이 있으며, 일직선을 의미하지 않는다. 뒤를 향해 흘러 내리듯 경사진 배선(sloping back)은 역동적이고 지속적인 속보에 유리하다. 허리(요추부위)부터 엉덩이 아래로 아치를 그리는 배선(arch back)은 굽혀지는 범위가 커서 질주 시 뒷다리를 앞쪽으로 깊게 밀어 넣은 후 뒤로 튕겨낼 수 있어 빠른 질주에 유리하다. 그 밖에 아래로 휘었다가 허리가 올라오는 듯한 배선(roach back, wheel back, sway back 등)도 있다.

그림 2-6 흉추골과 늑골의 구조

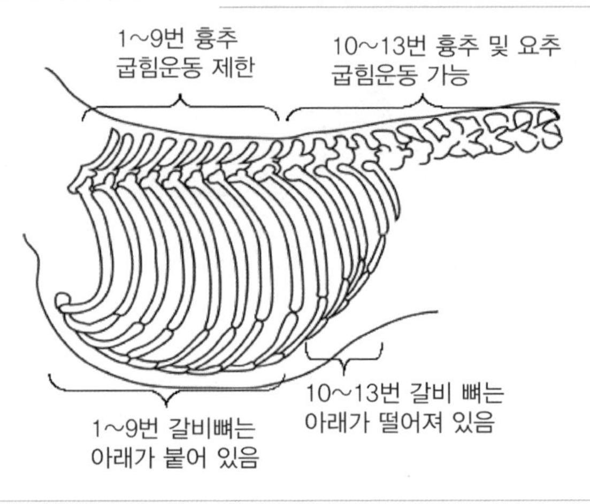

그림 2-7 배선의 종류

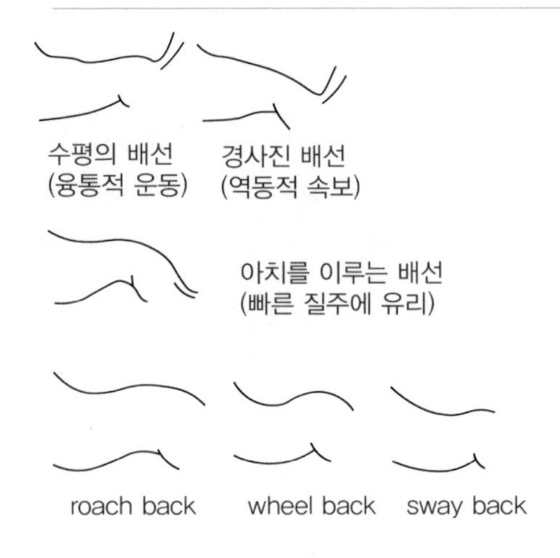

허리뼈(요추골) 뒤로 이어지는 천추골 3개는 인대로 마치 하나의 뼈처럼 단단하게 결합되어 움직임이 없다. 이 천추골에 엉덩이뼈(관골의 앞쪽 장골 부위)가 연결되어 몸통에 뒷다리를 연결하는 부위가 된다.

그림 2-8 꼬리뼈의 모양

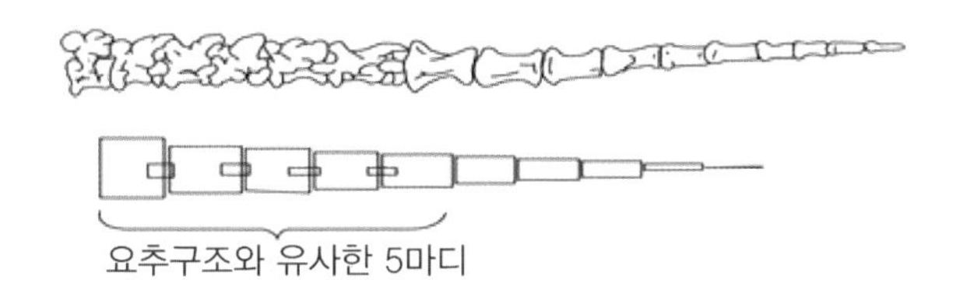

그림 2-9 가슴의 단면 형태

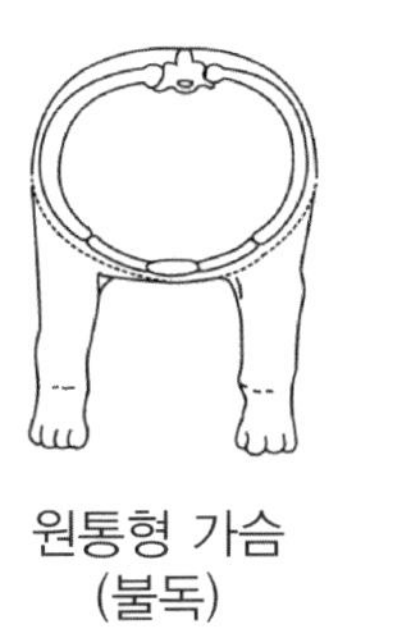

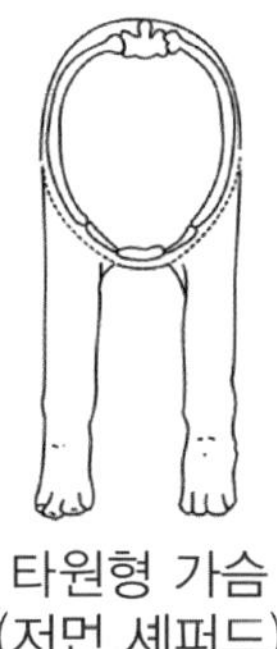
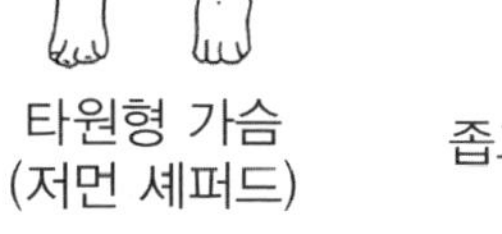

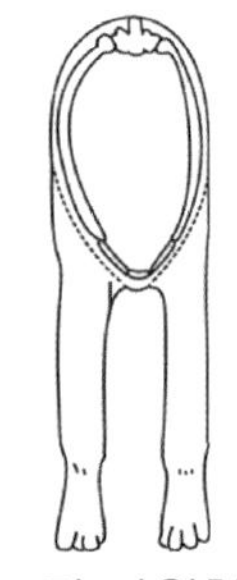

꼬리뼈의 개수는 저먼 셰퍼드에는 22개까지 있고, 펨브룩 웰시코기처럼 뿌리 부

분을 제외하고 없는 경우 등 다양하다. 꼬리는 질주 시 방향 전환을 하거나 급정지를 할 때 등 운동을 할 때 균형 유지를 보조한다. 꼬리의 형태도 견종마다 매우 다양해서 서거나 말린 꼬리, 아래로 늘어뜨린 꼬리 등이 있다.

갈비뼈 길이와 곡선 정도에 따라 가슴 형태가 결정되며, 견갑골이 여기에 붙기 때문에 앞다리의 운동과 관련이 있다. 술통 모양의 둥근 가슴은 양다리 사이의 폭이 넓어져 질주나 속보에 불리한 반면 좌우로 버티는 것에 유리하다. 타원형의 가슴은 질주나 속보에 모두 불리하지 않다. 좁고 긴 가슴은 갈비뼈의 평평한 부분이 많아져 견갑골이 빨리 지속적으로 움직일 수 있게 하므로 빠른 질주에 유리하다.

4. 앞다리의 구조와 운동

앞다리는 견갑골(어깨뼈)이 갈비뼈에 관절이나 인대가 아닌 근육으로 부착되어 연결된다. 그래서 운동 시에 견갑골은 앞뒤로 움직이는데, 평상시 걸음에서는 전후로 각각 15도를 움직여 30도 정도의 움직임이 있다. 앞다리의 보폭은 견갑골과 상완골이 만나는 각도에 따라 대부분 결정된다. 기계적 관점에서 견갑골이 뒤로 45도로 기울고, 상완골이 반대로 45도를 이루어 견갑골과 상완골이 90도를 만들 때, 상완골이 앞으로 펼쳐져 견갑골과 일직선이 이루어지면서 보폭이 최대치가 된다.

그림 2-10 걸음걸이 시 견갑골의 앞뒤 움직임

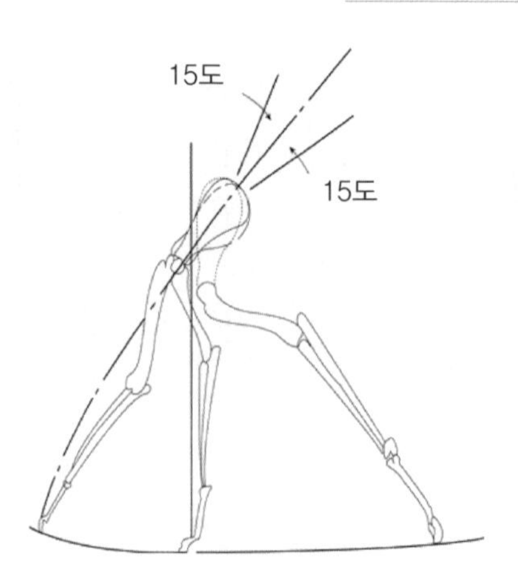

그래서 효율적인 운동을 요구하는 견종의 견종 표준에서 견갑골과 상완골이 이루는 각도를 90도로 요구하는 경우가 많다. 그러나 견갑골과 연결되는 상완골은 구조상 뒤로는 잘 접히지만 앞으로 펴질 때는 견갑골과 일직선(180도)으로 펴지지 못하고 140도에 조금 못 미치게 펼쳐지도록 제한되어 있다. 그리고 견갑골이 뒤로 잘 누울수록 근육의 움직임 범위가 커져서 쉽게 피로해진다. 일반적으로 지속적인 평지 속보를 하는 견종의 효율적인 견갑골 기울기는 약 35도이다. 이 정도의 견갑골을 견종 표준에서는 '잘 누운 어깨'라고 표현한다. 또한 최대한의 스피드를 요구하는 견종의 견갑골 기울기는 약 10도 전후로 '가파르게 서 있는 어깨'가 효율적이다. 지상에서 가장 빠른 속도로 달리는 치타도 견갑골은 뒤로 잘 누워있지 않고, 가파르게 서 있는 어깨를 가진다. 질주는 보폭보다 견갑골의 앞뒤 회전 속도가 중요하기 때문이다. 속도와 지구력을 겸하거나 무거운 짐을 끄는 견종은 '잘 누운 어깨'와 '가파르게 서 있는 어깨' 사이의 견갑골 기울기를 가지며, '적당히 경사진 어깨'로 표현된다.

그림 2-11 견갑골과 상완골의 연결 각도

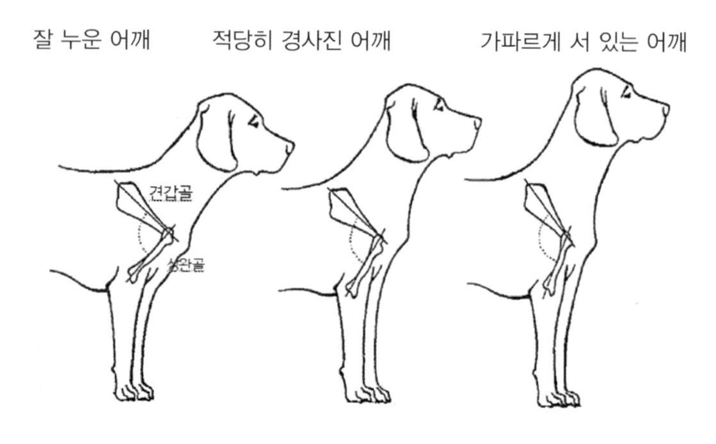

상완골 아래로 이어지는 두 개의 뼈(요골과 척골)는 빨리 달리는 견종이 긴 편이고, 속보를 요구하는 견종은 적당한 길이다. 속보를 요구하는 견종은 사람의 손목과 손가락 사이의 손등 뼈에 해당하는 앞발 허리골이 적당히 경사져 있는 것이 유리하다. 빠른 질주를 하는 견종은 앞발 허리골이 서 있는 것이 유리하다.

5. 뒷다리의 구조와 운동

뒷다리는 엉덩이뼈(관골)가 천추골을 강하게 물면서 동체에 연결된다. 엉덩이뼈(관골)는 천추와 연결되는 장골, 지면 쪽을 향하는 치골, 대퇴골이 박히는 뒤쪽으로 뾰족하게 나오는 좌골로 이루어진 3개의 뼈가 인대로 마치 하나의 뼈처럼 단단하게 붙어 있다. 엉덩이뼈는 일반적으로 길이가 긴 것을 요구한다. 엉덩이뼈와 연결되는 대퇴골의 부착 위치도 중요한데, 엉덩이뼈 뒤쪽으로 대퇴골이 박히면 좌골의 길이가 짧아진다. 흔히 '좌골이 짧다'는 것은 엉덩이뼈의 절대적 길이 자체가 짧거나, 특히 대퇴골이 뒤로 박혀 좌골 자체가 짧은 것을 말한다. 좌골이 짧으면 대퇴골을 당기는 추진 근육이 붙을 수 있는 공간이 적어 추진력이 약해진다. 엉덩이뼈는 경사도 중요한 요소이다. 너무 가파르게 서 있는 엉덩이뼈는 뒤로 뻗어 내는 보폭을 줄인다. 반대로 너무 누워 있는 엉덩이는 뒷다리가 지면을 차지 못하고 허공을 차면서 추진력을 감소시킨다. 따라서 엉덩이뼈는 길고 적당히 경사져서 결합되는 것이 중요하다.

그림 2-12 엉덩이의 경사와 보폭의 관계

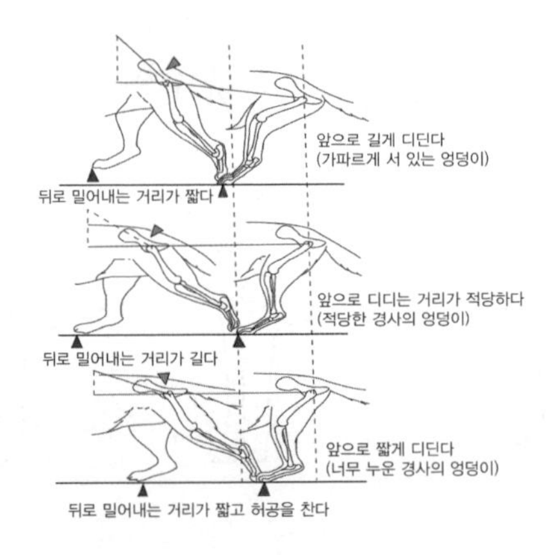

또한 대퇴골의 길이도 추진력에 많은 영향을 미친다. 대퇴골이 짧으면 무릎의 위치가 올라가고 각도가 부족하면서 서 있는 뒷다리가 된다. 대퇴골이 길면 무릎의 위치가 낮으면서 아래를 향해 둥글게 형성되고 전체적으로 깊은 각도의 뒷다리가 된다. 뒷다리의 각도가 부족해서 서 있으면 보폭이 짧고, 너무 깊으면 근육의 운동범위가 커져 쉽게 지치는 문제가 생긴다. 따라서 평지를 속보로 걷는 저먼 셰퍼드와 같은 개는 깊은 각도의 뒷다리가 요구되고, 산을 올라가면서 뛰는 개는 저먼 셰퍼드보다는 서 있는 뒷다리가 요구된다.

사람의 뒤꿈치에 해당하는 뒷발목골(비절)의 높이는 지면으로부터 높으면 초기 스피드에 유리하지만 지구력에 불리하고, 비절의 높이가 지면으로부터 낮으면 초기 스피드에 불리하지만 지구력에 유리하다. 가벼운 짐을 끌고 장거리를 달리는 시베리안 허스키는 지구력을 위해 낮은 비절을 요구한다.

그림 2-13 대퇴골의 길이와 뒷다리 각도

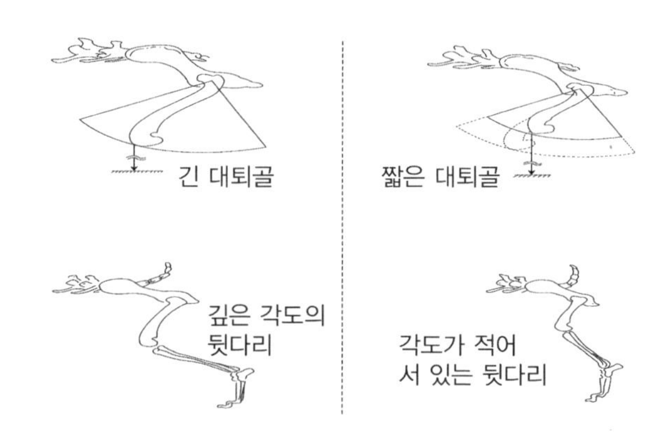

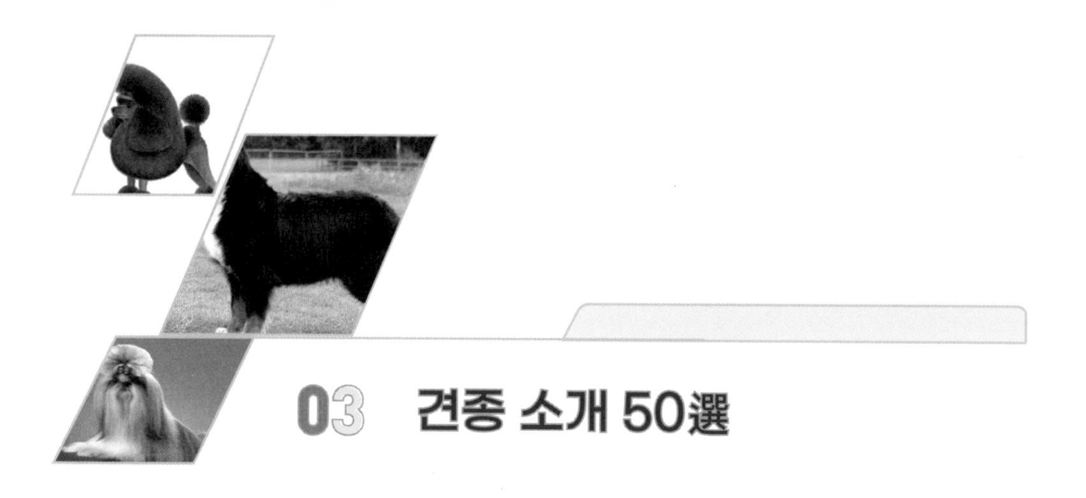

03 견종 소개 50選

1. 골든 리트리버

원산지	영국
키	51~61cm
몸무게	27~36kg
그룹	스포팅

문헌이나 자료에 의하면 영국 애견가에 의해 뉴펀들랜드, 리트리버, 세터와 지금은 멸종된 워터 스파니엘종과의 교배로 만들어진 것으로 나타나지만 러시아의 개가 원조라는 설도 있다. 이 개의 이름은 처음에 러시안 리트리버, 1920년 전에 골든 플랫 코트, 그리고 골든 리트리버로 바뀌었다.

물가 등에서 총에 맞아 떨어진 새를 물어 오는 역할을 하였기 때문에 Retriever라는 이름으로 불리우게 되었으며, 차디찬 물에서도 견딜 수 있도록 목과 가슴, 앞발의 뒤쪽과 뒷발 허벅지, 꼬리 등에 황금색의 긴 장식 털이 아름답게 드리워져 있다. 모색은 골드와 크림색이 있으며 구불거리며 단색인 털이 수수한 아름다움이 있다. 이중모의 구조이기 때문에 봄에 속털이 빠지므로 이 시기에 솔질을 자주 해주어 빠진 털을 제거하여 피부병을 예방하고, 워낙 얌전한 개이므로 인위적인 운동을 시켜 비만을 방지해야 한다. 이 개의 성격은 좋게 얘기하면 선량하고 헌신적인 평화주의자이고,

나쁘게 얘기하면 천하태평의 현실 도피자라고 할 수 있다. 이 개의 활동 분야의 특성을 보면 알 수 있듯이 죽을 때까지 맹인의 안내를 하고, 무언가를 집어 오라고 하면 땅이건 물이건 무조건 찾아오는 헌신적 성격이다.

공격성이 낮을 뿐만 아니라 사람이나 다른 개와도 충돌을 일으키는 경우가 없으며, 장난을 쳐도 참을성 있게 상대해준다. 헛짖음도 적고 얌전히 집을 지키므로 공간만 있는 집이면 어느 가정이라도 잘 어울리는 개이다. 다만 아무 사람에게나 항상 상냥하며 경계성이 없으므로 집을 지키는 경비견(guard dog)의 역할을 맡기기에는 매우 부적절하다. 어릴 때는 장난이 심하고 활동성이 많지만 성견이 되면 매우 침착해진다. 사육주에게 착 달라붙어 떨어지지 않으며, 늘 함께 있으려고 하는 성향이 강하므로 노인이나 병약자에게는 다소 힘에 부칠 수도 있으며, 운동을 자주 시켜주는 것이 스트레스 해소에 좋다.

최근 많은 인기에 힘입어 번식이 많아지다 보니 고관절에 이상이 있거나 성장하면서 아랫니가 윗니보다 앞으로 나오는 반대 교합이 되는 경우가 많으므로 강아지를 선택할 때 전문가의 자문을 얻는 것이 좋다. 정이 많고 많은 시간을 함께 생활할 수 있으며, 기본적인 훈련을 가르치고 함께 운동할 수 있는 분들이면 매우 훌륭한 반려견(companion dog)이 될 수 있는 인기 견종이다.

2. 라브라도 리트리버

원산지	캐나다
키	54~57cm
몸무게	23~34kg
그룹	스포팅

라브라도 리트리버는 1700년경에 캐나다의 어부와 사냥꾼을 도와 일을 했으며 그 후 영국으로 건너가 개량되어 1903년 영국 KC(Kennel Club)에서 공인되었다. 방수성이 좋은 짧고 조밀한 털과 근육질의 균형 잡힌 몸을 갖고 있는 이 개는 뛰어난 학습능력을 가지고 있어서 마약 탐지, 지뢰 탐지, 군용, 사냥, 맹인 인도 등 현대 사회에서 필요로 하는 많은 분야에서 큰 활약을 하고 있다.

이 견종은 다양한 기후에서 쉽게 적응할 수 있는 짧고 조밀한 털을 가지고 있으며, 수달 꼬리 그리고 강인한 악력을 발휘할 수 있는 넓은 머리와 충실한 턱을 갖고 있으며, 영특함과 친절함을 지닌 좋은 품성을 보유하고 있다.

이 개는 튼튼한 중형견으로 사냥감을 회수하는 조렵견으로의 역할을 수행할 수 있는 견실함과 운동성이 좋은 균형 잡힌 탄탄한 몸을 가졌다. 상황 판단이 뛰어나 스스로 판단하고 행동하는 능력이 있으며 참을성도 많고 희생적으로 임무에 임한다. 무엇이든 잘 배우며 주인에 의해 기본적인 훈련에 도전해 보는 것도 좋다.

지능이 높고 침착하며 인내심이 많아 어떤 조건의 가정에도 적응력이 뛰어나다. 사람에 대한 공격 성향도 없고 헛짖음도 없으며 유아가 있으면 엎드려서 친밀감을 가지고 대하려고 한다. 지능이 높은 만큼 어릴 때는 장난이 매우 심하며, 쾌활하고 활동 범위도 넓지만 성견이 되면 매우 침착하다.

세계적으로 인기 있는 견종이지만 유전적으로 고관절에 이상이 있거나 눈에 백내장이 생기거나, 성장하면서 아랫니가 윗니보다 앞으로 나오는 반대 교합이 될 수도 있으므로 혈통의 특징을 미리 확인하거나 전문가의 자문을 구하는 것도 좋다.

누구에게나 잘 어울리지만 일정한 양의 운동을 시키면서 훈련을 가르치며 만족감을 얻거나 다정다감한 반려견을 원하는 분들에게는 더할 나위 없이 좋은 견종이다.

3. 아메리칸 코커스파니엘

원산지	미국
키	36~38cm
몸무게	9~16kg
그룹	스포팅

1620년 메이플라워호로 미국으로 건너간 최초의 청교도 이민들이 영국에서 데리고 온 코커스파니엘이 이 견종의 조상견이 된다. 잉글리시코커스파니엘보다 체구가 조금 작고 얼굴도 이마로부터 주둥이로 이어지는 선의 굴곡이 조금 더 뚜렷하게 구분되 특징을 가지고 있어 1930년대부터 별도의 견종으로 인정받았다.

월트디즈니 프로덕션이 제작한 영화 '멍멍 이야기'에서 아메리칸 코커스파니엘이 주인공으로 등장하면서 세계 각국에 알려지게 되었고, 개를 수입만 하던 미국이 수출국으로 올라설 수 있는 계기를 마련해 줬다.

이 개는 짧고 깊이 패인 주둥이를 갖고 있으며 머리는 둥글다. 몸길이는 짧고 그에 비해 다리는 긴 편인데 이러한 몸의 구조는 작은 사냥감을 쫓아가 덮치는 데 유리하게 작용된다. 배와 다리의 깃털처럼 화려하고 풍성한 털은 땅에 닿을 정도로 길며, 이러한 모습은 귀여우면서 고풍스러운 이미지를 만들어 준다.

본래 지니고 있는 낙천적인 성격으로 특별한 일이 없어도 항시 명랑하고 노는 것을 좋아하여 보는 이들을 즐겁게 만든다. 사냥을 하던 기질이 남아 있어 매우 활동적이며 사람을 잘 따른다. 그리고 응석받이라서 원하는 것을 들어주기 시작하면 점점 더 심해져 자기가 원하는 것을 해줄 때까지 아첨하듯 조르는 경향이 있다.

공격성이 낮아서 다른 개들과도 사이좋게 지내는 편이다. 아무 사람이나 따르는 경향이 있으므로 번견으로는 적당하지 않으며, 활동력이 매우 높아 부산스럽다는 느낌을 받을 수 있으므로 얌전한 성격을 좋아하는 사람에게도 맞지 않다. 실내견으로 키울 수도 있지만 야외에서 기르는 것이 더 잘 어울리며, 실내에서 기를 경우 검은색의 털을 가진 개가 체취가 심하므로 옅은 모색을 선택하는 것이 좋다. 귀가 늘어져 있어 외이염을 앓는 경우가 있으며, 털 손질에도 신경을 써야 한다.

털의 손질을 귀찮아하지 않는 사람, 사람을 잘 따르고 명랑한 성격의 개를 좋아하는 사람, 야외에서 함께 산책을 할 수 있으면서 큰 개를 원하지 않는 사람에게 적당하다.

4. 아이리쉬 세터

원산지	아일랜드
키	64~69cm
몸무게	27~32kg
그룹	스포팅

온몸 특히 귀, 가슴, 꼬리와 다리의 뒷부분에 보다 많은 붉은 갈색의 명주실처럼 긴 털이 덮여 있으며, 심미적 감각이 있는 예술가들로부터 가장 아름다운 개라는 극찬을 받고 있다.

15세기경 유럽에 있던 레드 스파니엘이 아일랜드로 반입된 후 래드 스파니엘, 세터, 포인터와 교잡되었다고 한다. 그러나 지금의 아이리쉬 세터로 고정된 것은 19세기경부터 선별 교배가 이루어지면서이다.

훌륭한 사냥개로 활약했던 견종이므로 바람과 물에 강하고 체력도 뛰어나다. '레드 세터'라고도 불리며 몸체는 적갈색의 특유한 빛깔로 광택이나 풍채가 뛰어나 애완견으로도 인기가 많다. 그러나 최근에는 엽견으로서의 특성이 약해짐에 따라 점차 애완견화되어 가고 있지만 현재 미국에서는 조렵견으로서의 특성을 유지하는 것으로 번식방향을 잡고 있다.

놀기 좋아하는 점에서는 이 개보다 더한 견종이 없을 것이다. 매우 활동적이며 장난을 좋아하여 주인이 항상 놀아 주기를 바란다. 항상 가만히 앉아 있지 못하는 성격이므로 집안의 물건들을 놀이 기구로 만들어 버리기 때문에 값비싼 것은 애초부터 눈에 띄지 않는 곳에 치워 두는 것이 좋다. 아이들이나 개들과도 바로 친구가 되어 버린다. 기본적으로 순진한 성격을 가지고 있지만 장난으로 애를 먹으므로 착실히 훈련시켜 두는 것이 좋다. 감수성이 예민해서 너무 혼을 내기 시작하면 시큰둥해질 수 있으므로 자주 칭찬하는 것이 병행되어야 한다. 털은 거의 매일 손질해 주는 것이 좋으며, 가급적 함께 자주 놀아 주어야 한다.

아름다운 긴 털로 미적 즐거움을 얻고 싶거나 늘 장난을 치며 즐겁게 해주길 원하는 사람에게 권장하고 싶다. 다만 털 손질에 대한 부담을 가지고 싶지 않거나 얌전하게 옆에 엎드려 침착하게 함께 있어줄 개를 원한다면 다른 견종을 택하는 것이 좋다.

5. 저먼 포인터

원산지	독일
키	58~64cm
몸무게	25~32kg
그룹	스포팅

개가 냄새로 새가 숨어 있는 위치를 발견하면 그 방향을 주시하며 멈추는 성향의 개(Pointer)들도 있었다. 새가 앞에 있어도 흥분하지 않고 침착하게 명령을 기다리기 위해서는 인내심도 있어야 하고 냉정해야 하며 훈련성능 습득 능력도 좋아야 한다.

18세기 초에 오이젤견(유럽 대륙의 포인터)이 독일로 수입되었고, 블러드하운드의 혈통을 섞어 추적능력을 주입한 후 운반 능력을 높여 만능 조렵견으로 만들어진 것이 지금의 저먼 포인터라고 한다. 털이 짧은 쇼트헤어가 먼저 개발된 후 털이 철사처럼 강하게 꼬인 와이어헤어가 개량되었다.

20세기 초에 미국으로 수입되었을 때, 미국 사냥꾼들은 저먼 포인터의 뛰어난 기능에 열광했고, 1940년대에 AKC의 공식적인 승인이 있는 후 이 품종은 AKC로부터도 각광을 받았다. 타고난 조렵 능력과 쉽게 훈련시킬 수 있다는 점, 그리고 집안 생활에 적응할 수 있다는 점 때문에 더욱 인기를 끌었다.

귀족적이며 균형이 잘 맞고 근육질이며 매우 스마트한 체형에 매력 있는 반점을 가지고 있다. 힘과 내구력과 기민함의 구조를 보이며 동시에 영특함과 활달함을 보인다. 우아함과 세련된 멋을 보여주는 머리, 사선형의 어깨, 깊은 흉심, 강한 등, 튼튼한 사지는 튕겨 나가려는 용수철과 같은 긴장감을 느끼게 된다.

이 개는 다정해서 다른 애완동물이나 아이들과도 잘 놀아 준다. 굉장한 활동력과 사냥하려는 욕망을 가진 개이기 때문에 운동을 소홀히 하면 스트레스를 받을 수 있다.

훈련이 잘 되며 배우는 능력이 탁월하고, 무언가 일을 하려는 의욕도 강하다. 다른 개들과 쉽게 트러블을 일으키지 않으며, 활동적인 반면 집중력이 뛰어나고 상황에 따라 매우 침착해진다.

자주 운동을 시켜 줄 수 있는 여력만 있다면 실질적인 조렵에 이용하려는 사람뿐만 아니라 반려견으로서 세련된 외관을 즐기고 가르치는 재미를 느끼고 싶은 사람에게도 적당하다.

6. 그레이하운드

원산지	영국
키	70~75cm
몸무게	27~32kg
그룹	하운드

그레이하운드는 기원전 4000년 전부터 사냥에 이용되었으며 고대 이집트 왕조의 묘석에서 이 개일 것으로 추정되는 조각이나 그림이 발견될 정도로 역사가 깊다. 16세기경 유럽으로 반입되면서 산토끼 사냥에 많은 활약을 해 왔다. 초기의 영국 카누트 법 1016조항에 보면 일반인이 개를 기르지 못하도록 했던 내용이 있는데 이는 그레이하운드를 귀족들이 독점하기 위한 소유 제한이라 여겨진다. 16세기 프랑스 회화에는 '사냥하는 여신 디아나' 등 그레이하운드가 자주 등장한다. '그레이하운드'라는 이름에 관해 털의 색깔이 회색빛에서 유래되었다는 설, 라틴어로 빠르다는 뜻의 그라두스(gradus)에서 유래했다는 설 등 여러 가지 의견이 있다. 현재에도 경주견으로서 최고의 인기를 구가하고 있다.

그레이하운드는 주력이 시속 70km에 육박하는 세계에서 가장 빠른 개다. 양쪽 눈의 시야는 넓어 약 270도를 고정된 상태에서 볼 수 있고, 몸의 처음부터 끝까지 속도를 위해 완벽하게 설계된 달리기 기계와도 같다. 작고 날카로운 머리, 긴 목, 깊고 좁은 가슴과 날씬하게 달라붙은 배, 앞으로 뒷다리를 깊게 밀어넣을 수 있도록 굽어진 등, 가늘고 길며 단단한 근육질의 다리는 공기의 저항을 최소화하면서 스피드를 낼 수 있는 최적의 유체역학적인 몸을 가지고 있다. 털이 짧아 추위에는 매우 약하므로 겨울에는 난방을 해주는 것이 좋다.

성장기의 무리한 달리기는 뼈의 골절이나 변형을 일으키기 쉬우므로 강아지 때는 자유롭게 운동을 하도록 하는 것이 좋다. 토끼 사냥견이었던 만큼 관찰력과 민첩성이 뛰어나고 한번 시작한 일은 그칠 줄 모르는 끈기와 강인함이 있는 견종이지만 이것은 훈련에 의해 자제될 수 있다. 주인을 항상 주시하면서 주인의 동작이나 생각을 잘 관찰하고 신경이 예민하면서 상냥하다. 정이 많아 아이들과도 잘 어울린다. 헛짖음도 하지 않고 사람을 무는 경우도 극히 적으며, 훈련 능력도 좋은 편이다.

널찍한 곳에서 유선형의 멋진 몸이 보여주는 스피드를 즐기는 사람에게 좋으며, 난방을 해줄 수 있는 공간을 제공해 줄 수 있어야 한다.

7. 닥스훈트

원산지	영국
키	21~27cm
몸무게	스탠다드 10kg, 미니어처 5kg 이하
그룹	하운드

몸통이 길고 다리가 극히 짧은 개의 대표격으로 고대 이집트 왕조의 벽화에 이 개라고 짐작되는 개가 그려져 있다. 그러나 이 견종은 독일에서 정형화되었으며 다리가 짧은 돌연변이종을 택해 개량해 낸 것이 닥스훈트라고 하지만 현재의 모습이 언제부터 고정된 것인지는 정확히 알려지지 않았다. '닥스훈트'라는 이름은 독일어로 '오소리 사냥'이라는 뜻이 담겨져 있다. 오소리나 여우는 굴을 파고 들어가서 사는데, 닥스훈트는 짧은 다리로 쉽게 굴로 들어가서 그들을 사냥하는 강인한 개다.

닥스훈트는 숨은 오소리나 여우를 끌어내고 토끼를 추적하는 데 활약했던 특징이 외형적으로도 나타난다. 다리가 짧고 몸이 길며 후각이 발달되어 있으며 겁이 없는 편이다. 털의 형태에 따라 쇼트 헤어드(짧은 털), 와이어 헤어드(철사처럼 거칠고 꼬인 털), 롱 헤어드(긴 털)의 세 가지가 있고, 몸의 크기에 따라 스탠다드와 미니어처가 있다. 귀가 늘어져 있고, 이마에서 주둥이로 이어지는 선이 완만하고 주둥이가 길어 수수해 보이는 머리 형태와 긴 몸과 짧은 다리가 특징이다. 몸의 길이가 키의 2배로, 몸이 길어 체중 조절과 운동에 신경 써 주지 않으면 척추 디스크를 유발하기 쉽다. 와이어 헤어드나 롱 헤어드는 손질이 필요하다.

명랑하고 장난스러운 성격으로 활동하는 것을 좋아하며 주인의 말을 잘 이해해 좋은 친구로 지내기 적합하다. 외모 때문에 확실히 움직임은 코믹하고 재주를 잘 부리기는 하지만 어딘지 모르게 애수를 띠고 있어 '찰리 채플린과 같은 개'로 불리도 한다. 작은 몸집에 비해 매우 강인하고 단호한 성격이며, 사람의 명령에도 잘 따른다. 반면에 큰 목소리에 헛짖음이나 무는 성질이 높고 배변 가리는 습관을 들이기가 어려우므로 처음부터 단호하게 훈련시켜 둘 필요가 있다. 일반적으로 롱 헤어드는 온순하고 사람에게 친근한 편이며, 와이어 헤어드는 쾌활하고 고집이 세지만 장난을 좋아하고, 쇼트 헤어드는 중간 정도이다. 또한 스탠다드가 미니어처보다 성격이 좋은 개들이 많다.

유머러스한 용모에 강인한 성격으로 주인에게 충성스러운 개를 원하는 사람에게 적합하다. 조용히 집을 지키거나 과묵한 성격을 원하는 사람에게는 좋지 않다.

8. 보르조이

원산지	영국
키	70~80cm
몸무게	35~42kg
그룹	하운드

보르조이의 선조는 러시아에 예로부터 있었던 러시안 울프하운드라고 불렸던 늑대 사냥개였으며, 중동 지방에서 들어온 개와 교배시켜 만들어졌고, 후에는 다리가 긴 러시안 콜리종과 교배되어 장모종의 털을 가진 보르조이로 고정되었다는 설이 유력하다. 또한 10세기경에 헝가리에 그레이하운드가 전해졌으므로 그 영향이 있을 수도 있다. 보르조이는 빠른 스피드로 질주할 수 있는 견종으로 지금도 북아메리카에서 경주견으로 활약하고 있으며, 매우 귀족적인 풍모를 가진 개로 많은 사람들의 사랑을 받고 있다.

보르조이는 원래 평지나 완만한 지형에서 좋은 시각과 빠른 스피드로 야생동물을 사냥하게끔 발달해 온 견종으로 달리기에 적합한 몸 구조를 가지고 있다. 마치 그레이하운드와 유사한 체형으로 샤프한 얼굴과 긴 목, 깊고 좁은 가슴과 위로 아치를 그리는 등, 긴 다리 등이 특징이다. 그러한 체형에 길고 풍성한 털과 특히 목과 가슴, 다리의 뒤쪽으로 있는 장식 털은 우아함을 만들어 주고 있다.

생후 1년까지는 급성장하는 편이므로 이때 고칼슘의 유제품을 주어야 하며 칼슘과 인이 결핍되면 늑골에 무리가 가기 때문에 체형이 변할 가능성이 있다. 그러나 식성이 좋은 편은 아니므로 한꺼번에 많은 양의 식사를 하지 않도록 식사량의 조절에 신경 써야 한다. 초기의 용도가 늑대 사냥이었던 만큼 활발하며 많은 운동량이 필요하다.

의외로 소식을 하므로 중형견 정도의 사료 비용이면 충분하고, 위염전이 생기기 쉬우므로 지속적으로 침을 흘리거나 컥컥 거리고 배가 불러 오기 시작하면 급히 병원으로 데리고 가야 한다.

러시아어로 민첩하다는 뜻의 보르조이란 이름처럼 주인의 행동이나 표정을 관찰할 줄 알며 신경이 예민하다. 상냥하며 순진한 성격이지만 매사에 당당하며 태평하다. 사람 앞에서는 까불거나 재롱부리기를 좋아한다. 수상한 소리나 낯선 사람을 경계하여 짖거나 사냥 기질이 남아 있어 다른 동물에게 와락 달려들어 공격을 하는 일도 있으므로 주의해야 한다. 훈련 성능이 좋은 편은 아니지만 터득한 것은 잘 잊지 않으므로 훈련 및 습관 관리에 심혈을 기울일 필요가 있다.

귀족적인 풍모와 사냥한 성격을 좋아하면서 남들의 주목을 끌기 좋아하는 사람에게 적합하다. 다만 털 손질을 게을리하지 말아야 하며, 운동에는 힘에 벅차므로 체력도 필요하다.

9. 비글

원산지	영국
키	33cm 이하, 33~38cm (2종)
몸무게	6~9kg
그룹	하운드

비글의 기원은 잘 알려지지 않고 있으나 아주 오래전에 비글과 비슷한 작은 사냥개가 영국의 웨일즈(Wales)에서 토끼 사냥에 사용되었다. 하운드 무리 중에는 가장 작은 개다. 그 이름도 프랑스어로 '작다'를 의미하는 말에서 유래하였으며, 고대 로마에서도 토끼나 여우를 무리지어 사냥했다는 설도 있다.

만화 영화 스누피의 모델이 된 개로, 미국에서는 예민한 후각과 뛰어난 체력을 이용하여 마약 탐지견으로 활용하기도 한다. 비글은 타고난 추적 능력을 가지고 있으며, 사냥꾼의 동료로서 작은 체구와 쾌활한 성격, 짖으면서 추적하는 성향은 '초원의 음악가'라는 별명이 붙을 정도이다.

귀여운 얼굴에 넓고 긴 귀는 늘어져 있고, 흰색과 바탕색이 배합되어 품격 있는 이미지를 만들어 준다. 체구는 작지만 단단하며, 튼튼한 체질을 가지고 있다. 뛰어난 체력으로 활동성이 높으며, 꼬리는 몸에 비해 굵고 끝이 살짝 굽은 칼 모양으로 꼿꼿이 섰으며 항시 살래살래 흔들고 있다.

비글은 결코 얌전하고 침착한 개가 아니다. 대단한 활동력으로 부산하게 움직이며, 장난을 좋아해서 응석을 받아 주기 시작하면 집을 난장판으로 만들기도 한다. 이 견종은 실험실에서 의학적인 문제를 조사하기 위해 이용될 정도로 개체 간의 편차가 적은데, 이는 성격적으로도 마찬가지이다. 원래 비글은 사냥을 할 때 짖으면서 추적을 하는 견종으로 우렁찬 소리로 짖는 성향이 높으며, 훈련 성능은 낮다. 나이를 먹어도 강아지처럼 장난이 심한 편으로 장난을 억제하거나 대소변을 가리는 훈련을 하는 것에는 상당한 인내심이 요구된다. 어릴 때 가장 귀엽게 생긴 개로 모양만 보고 사람들이 선택을 했다가 엄청난 활동성에 포기를 하는 경우가 많은 개 중 하나이다.

귀여운 모습과 쾌활한 성격을 좋아하는 사람으로 계속적이고 인내심을 가진 훈련을 감당할 수 있는 사람에게 적당하다. 짖는 소리가 옆집과의 트러블을 유발할 수 있는 거주 조건이면 다른 개를 선택하는 것이 좋다.

10. 아프간하운드

원산지	아프가니스탄
키	65~75cm
몸무게	23~27kg
그룹	하운드

노아의 방주에 탔던 개가 아프간하운드였다는 말이 있을 정도로 이 개의 역사는 오래되었다. 초기의 원산지는 중동 지방으로 알려져 있으며 그 후 교역로를 따라 아프가니스탄으로 들어갔다는 설이 있다. 산악 지대의 고립된 지역에서 길러져 왔기 때문에 서구 세계에 알려지게 된 것은 제1차 세계대전 이후이다. 초기의 용도는 영양류와 늑대, 눈표범 등의 사냥에 이용되었으며 현재는 훌륭한 외모를 가진 가정견으로 사랑을 받고 있다. 많은 사람들이 새침한 금발 모델과 같은 이 개를 데리고 다니면서 사람의 눈길을 끄는 것을 즐긴다.

귀족적인 부드러운 장모종의 외모를 가지고 있는 견종으로 다른 사람의 주목을 받을 만하다. 이 견종은 유난히 엉덩이뼈가 길고 이 부위에 강한 근육이 많이 붙어 급경사의 지형을 차고 올라가면서 사냥을 할 정도로 강인한 뒷다리를 가지고 있다. 또한 특이하게 등의 위쪽보다도 옆쪽의 털이 더욱 풍성한데, 아프칸 지역이 바람이 센 이유로 옆에서 불어오는 강한 바람에 적응한 것으로 파악된다. 바람에 나부끼는 명주실과 같은 긴 털이 전신을 덮고 있으며, 작은 머리에는 관 모양의 장식 털이 있다. 귀는 축 늘어지고 목이나 다리가 날씬하며, 꼬리는 가늘고 끝의 1/3쯤이 휘어 있으면서 장식 털이 있다. 걸음을 걸을 때 고개를 높게 들고 마치 정찰을 하는 모양으로 몸을 띄워 깃털을 날리며 사뿐사뿐 걷는 모습은 마치 모델이 워킹을 하는 듯한 느낌을 불러일으킨다.

원래 시각을 이용하는 사냥견으로 이용되었기 때문에 움직이는 것에 대한 반응이 민감하므로 사람이 없을 때는 주의해야 한다. 튼튼한 견종이지만 신경이 예민하여 가족들이 신경 쓰지 않거나 혼자 있는 시간이 많을수록 힘이 없어지며 기가 죽으므로 가족의 일원으로서 대하는 것이 중요하고 튼튼한 체력을 유지하기 위해서는 매일 충분한 운동을 시켜 주어야 한다. 낯선 사람이 돌봐 주려고 하면 좋아하거나 싫어하는 기색이 없이 아무런 감정을 드러내지 않을 정도로 무뚝뚝하다. 장난을 좋아하기는 하지만 애를 먹이는 정도는 아니며, 수상한 소리나 움직임에도 신경을 기울이고, 낯선 사람에게는 즉시 반응을 하므로 번견으로도 적당하다. 현대식 주거 생활에 적격인 견종이지만 하운드종이므로 약간의 장난기와 거친 면이 있으니 엄격히 훈련시켜 두는 것이 좋다.

무엇보다도 독특하고 귀족적인 풍모로 남의 눈을 끌어 이목을 집중시키는 것을 즐기는 사람에게 적합하다. 그러나 털 손질을 충분히 해줄 수 없는 사람에게는 맞는 개가 아니다.

11. 그레이트 덴

원산지	독일
키	71~76cm
몸무게	46~54kg
그룹	워킹

세계에서 키가 가장 큰 견종이다. 마스티프 계통을 조상으로 하며, 1500년경에는 멧돼지 사냥용 개로 이용되었고, 1876년에 독일의 국견으로 선포되었다. 독일에서는 '도이치 도게'로 통용되나, 독일을 싫어하는 프랑스인이 덴마크식의 이름(Grand Danois)으로 명명한 것이 정착되어 그레이트 덴이 되었다.

이 개는 키가 크고 힘이 넘치고, 잘 짜여진 부드러운 근육질의 몸에 위엄과, 힘과 우아함을 갖추고 있다. 체구가 크지만 골격도 잘 짜여져 있어 넓고 힘찬 걸음을 보여준다. 18세기에는 이 개보다 더 돋보이는 개는 없다고 평가받을 만큼 초대형견이면서도 아름답고 강력한 신체를 가졌다. 전체적으로 남성다움이 나타나는 견종이다.

모색은 검정, 황색, 할리퀸(흰 바탕에 검은 반점이 섞인 것), 호랑이 무늬(브린들)가 있다. 성장이 매우 빠르고 큰 견종이므로 성장기 영양 공급에 각별한 신경을 기울여야 하며, 성장기에 심한 운동을 시키면 골절의 위험이 있으므로 주의해야 한다.

크기에 비해 얌전하고 차분하지만 낯선 사람은 경계하는 편이다. 애정이 많으며, 충성심이 강하다. 평소에는 조용하지만 투견(마스티프)의 피를 이어받은 만큼 행동에 대담성이 있어 통제가 필요하며, 훈련을 받아들이는 능력도 좋으므로 어릴 때부터 '복종' 훈련에 비중을 두는 것이 좋다. 특히 힘이 세기 때문에 사육주 앞에서 있는 힘대로 끌면서 가지 않도록 보조를 맞춰 걷는 훈련이 필수적이다.

머리가 좋아 주인과 가족에게 착하고, 아이들을 보호할 줄 알며, 외부인에 대해 무조건 적개심을 드러내지 않는다.

체력이 약한 사람이나 유아가 있는 가정에서는 이 개를 피하는 것이 좋다. 넓은 공간을 제공할 수 있으면서 남성다운 우람함과 거대함을 즐기고 싶은 사람에게 좋다. 커다란 체구의 개가 자신의 말에 복종하는 모습을 즐길 수 있는 것도 행복일 것이다. 다만 훈련이나 운동에 게으른 사람은 다른 견종을 선택하는 것이 좋다.

12. 그레이트 피레네즈

원산지	프랑스
키	71~76cm
몸무게	46~54kg
그룹	워킹

프랑스와 스페인의 국경지대의 피레네산맥에서 늑대나 곰으로부터 가축을 지키기 위해 길러졌으며, 수레를 끄는 역할도 하였다. 역사는 3천 년 전 이전부터 있었던 것으로, 티베탄 마스티프 계통이 아리아족의 이동과 함께 이동한 것으로 추정된다.

현존하는 대형 작업견에 많은 영향을 끼쳤을 것으로 생각되며, 18세기의 프랑스 궁정에서 우아하고 아름다운 모습과 점잖은 성격으로 귀족같이 생활하기도 했다. 우아함과 거대한 크기와 위풍당당함을 겸비한 독특한 아름다움을 가진 견종이다. 어린이 만화 '명견 조리'에서 무고한 죄를 뒤집어쓰고 쫓기지만 많은 선행을 하는 주인공으로 묘사되면서 더욱 유명해졌다.

길고 하얀 풍성한 털이 아름답고 귀가 늘어진 대형 견종으로 건장하고 자상한 표정과 우아함이 있으며 선천적으로 뛰어난 후각과 시각을 가졌다. 피레네산맥에서 어떤 날씨의 변화에도 관계없이 가축을 지키는 굳센 모습을 연상하게 해준다.

뒷발에는 2개의 덧발가락이 있으며 견종의 고유한 특징으로 간주하여 제거하지 않는다. 대형 견종으로 성장기 영양 공급에 신경을 써야 하며, 적당한 운동으로 체형 유지에 노력해야 한다.

본질적으로 희생과 충성심, 보호에 대한 뛰어난 감각이 있으며 사람에 대한 사려가 깊은 편이다. 상냥하고 순진하며 사육주에게 고분고분하다. 곧잘 외로워하고 응석을 부리는 일면이 있는가 하면 고집스러운 성질이 잠재해 있다. 아이들을 좋아하며 좀처럼 짖거나 무는 일도 없다. 하지만 잘못 길들이면 고집이 세어지거나 공격적인 성향을 보일 수도 있으므로 길들이기에 힘을 기울이는 것이 좋다.

산책이나 손질을 마다하지 않는 사람이면 누구든지 기를 수 있다. 젊은 여성뿐만 아니라 중년 여성에게도 인기가 높다. 하지만 대형 견종으로 비용이 조금 많이 드는 단점이 있으며, 아파트 등 실내에서 기르는 사람도 있지만 옥외에서 기르는 것이 좋다.

13. 뉴펀드랜드

원산지	캐나다
키	66~70cm
몸무게	50~86kg
그룹	워킹

세인트버나드가 산악구조견이라면 뉴펀드랜드는 바다의 구조견이다. 캐나다 동부 뉴펀들랜드가 원산지이며 기원의 설에는 여러 가지가 있다. 10세기에 바이킹의 개였다는 설, 16세기에 프랑스 어부에 의해 캐나다로 오게 되었다는 설, 같은 연대에 노르웨이의 사냥꾼과 함께 들어온 마스티프종이었다는 설 등이 있다.

현재의 표준은 19세기 초에 영국에서 정립되었다. 인명을 구할 수 있는 큰 체격, 추위에 강하고 방수성이 좋은 두꺼운 외투, 그리고 특이한 구조의 발이 있어 훌륭한 수상 구조견이 될 수 있었다. 이 개의 발은 크고 넓으며 발가락 사이에 살이 다른 개들 보다 더 자라 있어 물갈퀴 역할을 하는 특징이 있다.

훈련 적응력이 높고, 사람의 명령에 잘 따르며, 온순한 개이다. 인명 구조견인 만큼 아무한테나 적대감을 나타내지 않아 번견으로서는 부족하지만 아이들을 맡기면 그것이 자기 할 일인 것으로 알고 최선을 다하여 보호하는 모습을 보이기도 한다. 시인 바이런은 자신의 애견이었던 뉴펀드랜드의 묘비에 '허영 없는 아름다움과 거드름을 피우지 않는 치력과 난폭하지 않는 용기의 소유자'라고 칭송의 글을 새겨 주었다.

덩치가 큰 개가 사육주의 뜻대로 움직여 주므로 소형견에서는 결코 느낄 수 없는 쾌감도 있다. 다른 견종 소개에서도 누차 언급하는 내용이지만 몸집이 큰 만큼 만일의 사태에 대비하여 복종 훈련이 필요하다.

성장이 빠른 개이므로 사료 외에도 다른 영양 공급을 해주는 것이 좋다. 두터운 털로 전신이 덮여 있어 더위에 매우 약하며, 털갈이 시기에는 많은 털이 빠지므로 손질을 잘해주어야 한다.

집을 지키는 용도로는 부적절하지만 넓고 울타리가 있는 뜰을 가지고 있고, 털 손질이나 산책을 시켜줄 수 있는 사람이면 즐거움을 느끼며 기를 수 있다.

14. 도베르만 핀셔

원산지	독일
키	65~70cm
몸무게	30~40kg
그룹	워킹

1865년부터 1870년에 걸쳐 독일에서 야경 또는 떠돌이 개를 포획하는 일을 하던 루이스 도베르만이라는 사람이 다양한 품종의 이종 교배를 통해 완전무결한 경비견을 만들어내려고 노력한 결과 탄생된 견종이다. 그의 품종 개량 방식은 아직도 분명하게 밝혀지지 않았지만, 아마 그 지방 재래의 소몰이 개와 로트와일러, 핀셔, 맨체스터 테리어, 그리고 그레이하운드가 포함된 것으로 여겨진다.

도베르만이 자신의 직업을 십분 활용하여 평생 정열을 기울여 만든 개로 제1차 세계대전에서는 저먼 셰퍼드와 쌍벽을 이루어 독일군의 군용견으로 활약했으며 지금도 세계 곳곳에서 경찰견으로도 이용되고 있다. 미국의 영화 '도베르만 갱'에서 잘 훈련된 도베르만 핀셔가 사람 대신 은행을 습격하는 개로 묘사되어 강한 인상을 남겼으며, 사납고 영리한 개로 알려져 왔다. 그러나 이러한 이미지는 과장된 감이 있으며, 무조건 사납기만 한 견종은 아니다.

이 개의 외모는 옆에서 보면 다부진 몸과 긴 다리가 거의 정방형으로 보이고 근육질로 힘이 세고, 지구력과 스피드가 대단하다. 얼굴은 쐐기형이고 길며 목도 길고 무엇보다도 스마트하고 세련된 외모에 흑색과 갈색 또는 초콜릿색의 조화가 묘하면서 독특한 매력을 자아낸다.

이 개는 초기의 사용 목적이 완전무결한 경비견을 추구한 것을 보면 알 수 있듯이 뛰어난 훈련소질을 가지고 있어 가르치는 내용을 쉽게 배우는 편이다. 지금은 초기보다 사용 용도가 많이 줄었으나 아직도 번견으로 자주 사용되고 있다. 최근에 들어 반려견으로 개량이 진행됨에 따라 점차 조용하고 침착한 성격으로 변화되고 있다. 어린 강아지 때에는 장난을 치기도 하고 반항을 종종 하는데 이것은 훈련을 통해 시정되어야 한다. 성장기에는 영양 공급에 특별히 신경을 기울여야 한다.

추위에 약하므로 겨울철에는 바람이 들지 않는 곳에 자리를 마련해 주고 적당하게 난방을 해주면 더욱 좋다.

운동과 훈련을 시켜서 도베르만 핀셔가 가지고 있는 매력을 극대화시킬 수 있는 사람에게 적합하며, 날씬하고 우아한 모습을 즐기는 사람이면 더욱 좋다. 다만 관리상 노력이 많이 들어가는 개이므로 기르기 편한 개를 원하는 사람에게는 적당하지 않다.

15. 로트와일러

원산지	독일
키	58~69cm
몸무게	40~50kg
그룹	워킹

초기의 기원은 로마시대로 로마군의 전투견 또는 소 떼를 보호하던 마스티프종이 이 개의 조상으로 추측된다. 그 후 독일의 로트바일 지방에서 생활을 해오다가 19세기 초반에 정육업자들을 위한 소몰이나, 가축보호, 재산 보호를 위해 개량되었다.

철도가 개설되어 소를 운반할 일이 줄어들면서 이 개의 수도 따라서 줄었으나 20세기에 들어와 경찰견으로서의 자질이 인정되어 그 수는 다시 늘어나기 시작했다.

목이 굵고 우람한 이 견종은 세련된 모습은 아니지만 다부지고 믿음직스러운 외모를 가지고 있다. 귀는 늘어지고 꼬리는 단미(cut tail)하지만 최근에는 단미하지 않는 경향도 늘고 있다. 우람하지만 둔하지 않으며, 꽉 짜인 체구 구성은 뛰어난 운동성능을 가지고 있으며 지구력 있는 작업도 가능하다.

상당히 무서운 개로 소문이 나 있고 보호 본능이 강해서 번견으로 훌륭하다. 평소에는 조용한 편이지만 집념이 강한 성격으로 오늘날까지도 경비견이나 호신견으로 사용되는 경우가 많은데 이는 위압감을 주는 외모의 효과도 있는 듯하다. 주인에게 충실하여 명령에 잘 따르며 가족에게도 상냥하게 대하며, 가족인 어린이에게도 매우 친절하다. 헛짖음도 적고 차분하며 행동 그 자체에 무게가 있다.

그러나 낯선 타인이나 애완동물에게는 느닷없이 공격성을 띠는 경우가 있으므로 주의해야 하며, 복종 훈련 등 기본적인 길들이기가 부족하게 되고 방치하면 위험한 개가 될 수 있으니 주의를 해야 된다.

훈련에 의해 개를 컨트롤하는 일에 흥미를 느끼는 사람에게 적합하며, 사육주의 훈련에 의해 크게 바뀌는 개이므로 꾸준한 훈련이 요구된다. 훈련에 관심이 적거나 체력에 자신 있는 사람이 아니라면 일찌감치 다른 개를 알아보는 것이 좋다.

16. 버니즈 마운틴독

원산지	스위스
키	58~70cm
몸무게	40~44kg
그룹	워킹

스위스의 수도인 베른이 원산지이며, 기원은 약 2000년 전으로 거슬러 올라간다. 로마군이 스위스를 침공할 때 식량용으로 데려간 소를 지키기 위해 마스티프종의 개들을 데리고 간 것이 그 원조이다. 그 개들이 원래 있던 개와 교배를 통해 만들어진 것으로 알려져 있으며, 이름도 베른의 영어식 발음인 버니즈에서 비롯되었다.

오래전부터 시장에 물건을 사러갈 때 짐수레를 끌기도 할 만큼 힘이 좋고 균형이 잡힌 근육질의 체형에 아름다운 긴 털로 덮혀 있다. 풍성한 검은 털 바탕에 가슴 쪽으로 흰 털이 넓게 중앙을 가르고 있어 마치 턱시도에 흰 와이셔츠를 입은 것 같다고 해서 턱시도를 입은 신사로 불릴 만큼 세련된 기품이 있다. 검정 바탕에 백색 또는 황색의 무늬가 좌우 대칭을 이루는 것이 좋다. 털 손질은 일주일에 한 번 정도면 되며, 체취가 적으므로 지나치게 자주 목욕을 시키지 않아도 된다.

더위를 많이 타므로 여름철에는 뙤약볕이 있는 장소를 피해야 하며, 고관절 탈구가 잘 발생하는 견종으로 전문가의 도움을 받아서 혈통상 고관절에 이상이 없는 쪽을 택하는 것이 좋다.

초기 용도가 사역이었던 만큼 장난기가 없고, 자립심이 강하며, 고집이 세다. 무뚝뚝하고 훈련은 잘 되지 않지만 기억력이 좋아 자기 할 일과 해서는 안 될 일을 구분할 줄 아는 판단력이 있는 개이다. 이 개를 보고 있으면 날카로운 관찰력과 빼어난 기억력으로 모든 경험을 유형화하여 그에 맞춰 파악하고 행동하는 것처럼 느껴진다.

개를 좋아하지만 신체적인 접촉을 싫어하거나 서로의 프라이버시를 지켜주길 바라는 사람, 어른스러운 품격이 있는 차분한 개를 원하는 사람에게 좋으며, 특히 애교가 모자란 대신 사육주도 개의 독립성을 인정해 줄 수 있는 사람에게 적합하다.

17. 복서

원산지	독일
키	59~63cm
몸무게	25~32kg
그룹	워킹

19세기 후반에 벨기에의 토착견 브래반터와 불독, 마스티프 등을 독일에서 교배시켜 만들었다는 설이 있다. 초기에는 투우나 투견을 목적으로 만들어졌다. 투견 때 뒷다리로 일어서서 앞다리로 상대방을 견제하는 듯한 포즈를 취하는 것이 권투 선수의 싸움 스타일과 유사하다고 해서 복서라는 이름이 붙여졌다고 한다. 또 일설에 의하면 서 있는 자세를 옆에서 볼 때 체형이 네모난 상자(박스)형으로 생겼다고 해서 복서라는 이름이 붙었다는 이야기도 있다. 이후에는 경찰견, 군용견으로 이용되었으며 가정견으로도 매력이 있어 현재까지 사랑받는 개이다.

턱의 폭이 넓고 아랫니가 윗니보다 앞으로 돌출된 형태의 주둥이를 가지고 있으며, 얼굴에는 약간의 주름이 있어 다소 사나운 표정을 가지고 있다. 귀를 잘라 세우고, 꼬리도 잘라주며, 건장한 몸집이지만 날쌘 모습이므로 적당한 운동과 지속적인 관리를 하게 되면 균형미와 함께 기품 있는 모습을 보여준다. 강아지 선택 시 크기보다는 골격의 구성을 우선으로 고려해야 한다.

털은 단모종에 광택이 있고 몸 전체에서 흰색이 1/3이 넘지 않아야 하고, 황갈색이 몸을 덮어야 바람직하다. 인내심이 매우 강해서 중한 증상이 아니면 발병해도 빨리 알아내기가 어려울 정도이나 날씨에 민감하여 급격한 추위 등의 온도 변화에 특별한 주의가 필요하다.

또한 가슴이 깊고 배가 잘록하게 올라붙은 견종은 위염전을 일으키기 쉬우므로 침이 멈추지 않거나 구토를 되풀이하고 배가 불룩해지면 급히 동물병원으로 데리고 가서 응급조치를 해야 한다.

기본적으로 온화한 성격에 애정이 많고 좀처럼 흥분하지 않아 아이들과도 잘 어울리는 반면에 활동력이 많고 대범하며 다소 난폭한 면이 있다. 또한 지능이 뛰어나 조기 훈련을 시키면 주인에게 순종할 줄 알며 예리한 판단력을 가진 매력 만점의 개가 될 기질이 충분히 있다. 하지만 보스 기질이 있어 어릴 때부터 훈련을 시켜 주인이 상위의 서열임을 인식시켜 주지 않으면 주인의 명령에 잘 응하지 않는 면도 있다.

박력 있어 보이는 몸과 위엄 있는 얼굴을 좋아하면서 훈련을 게을리하지 않는 사람에게 적합하다.

18. 사모예드

원산지	러시아
키	45~55cm
몸무게	23~30kg
그룹	워킹

시베리아 오비강에서 세이강에 걸친 툰드라 지대에서 사모예드족이 썰매 끌기나 영양 사냥 또는 순록 지키기에 쓰던 개라고 한다. 변경의 오지에 살았으므로 교잡의 가능성이 적어 비교적 순수 혈통을 유지하였고, 극지 탐험을 하는 모험가들에게 발견되어 극지 탐험에 많은 공헌을 하면서 서구 세계에 알려지게 되었다. 순록의 사냥과 순록의 보호, 썰매 끌기 등 극지방 사람들에게는 없어서는 안 될 중요한 개이며 지금은 특유의 신비스러운 미소와 백색의 털로 인해 훌륭한 가정견과 쇼독으로 인기가 있다.

1960년대에 크게 유행했던 일본 스피츠의 선조견이기도 하다. 흰색의 털과 입 끝부분이 살짝 올라가서 생기는 미소가 특징이다. 중형견이면서 가슴도 두툼하고 길며 다리도 근육질로 옹골차고 작고 쫑긋 선 귀는 영리한 이미지를 준다.

추위에는 강하나 더위에는 상당히 약하므로 옥외견의 경우 개집의 위치와 통풍에 신경을 써야 한다. 또한 땅파기를 의외로 좋아하므로 옥외에서 기를 경우 장소에 주의해야 한다. 실내에서도 기를 수 있지만 털갈이 시기에는 대량의 털이 빠지는 애로사항이 있다.

일반적인 개들은 사람들하고 지내 왔으나 이 견종은 썰매를 끌기 위해 같은 종끼리 생활을 많이 해왔기 때문에 서열 정하기에 민감하며 다른 견종에 대하여는 배타적이고 다소 공격적이다. 하지만 서열이 정해진 개끼리는 매우 사이좋게 지내며, 유난히 쓸쓸함을 많이 느끼므로 다른 개와 함께 기르는 것도 좋다.

경계심이 많아 낯선 사람을 보면 짖는 경향이 강하므로 자칫 헛짖음으로 변할 수 있어 주의해야 한다. 사육주에게는 매우 충실하고 애정이 많으며, 주인에게 관심을 보이기 위해 달라붙는 경향도 있다.

사람을 잘 따르고 주인에게 애정 표현을 하는 중형의 개를 원하는 사람에게 적합하다. 차분하고 조용한 개는 아니므로 침착한 개를 원하는 사람에게는 적합하지 않으며, 쓸쓸함을 많이 느끼므로 개를 혼자 두고 오랫동안 외출을 해야 하는 사람에게도 좋지 않다.

19. 세인트버나드

원산지	스위스
키	60~70cm
몸무게	50~90kg
그룹	워킹

눈이 많은 스위스 알프스산맥의 눈 속에서 조난을 당한 사람을 구조하는 개로 유명하며, 가장 체중이 많이 나가는 견종 중 하나이다. 이 품종의 기원에 대한 기록은 없지만 중앙아시아의 훈족이 알프스를 넘어 스위스를 침략할 때 데리고 들어간 티베탄 마스티프계의 개가 조상인 것으로 추정하고 있다. 이름의 유래는 스위스에서 이탈리아로 이어지는 험난한 알프스산맥에 '버나드'라는 성자가 이곳을 지나는 사람들의 숙박을 위해 세인트 버나드(Saint-Bernard)라는 수도원을 짓고 산속에서 길 잃은 사람들을 안내하고 조난자를 구조하는 목적으로 독자적인 사육법으로 번식시켜 보급되었으며, 수도원의 이름을 따서 세인트버나드로 불리게 되었다.

흔히 세인트버나드의 사진에서 목에 통이 달려 있는 모습을 볼 수 있는데 이것은 브랜디가 들어있는 통으로 4견 1조로 조난자를 구조할 경우 몸을 따뜻하게 하여 조난자가 깨어나면 통 속의 브랜디를 마시고 추위를 덜었다고 한다. 그동안 실제로 2,500여 명의 사람들을 구조한 것으로 알려지며, '바리'라는 이름의 개는 40명의 조난자를 구하고 41명째 조난자를 구하던 중 늑대로 오인받아 사살당하고 말았으며, 인간을 위한 헌신적 희생의 공적을 기리기 위해 현재도 스위스 베른 박물관에 박제로 전시되어 있다.

머리가 크고 폭이 넓으며 얼굴 크기에 어울리지 않는 작고 깊은 눈이 인상적이다. 몸은 전반적으로 근육질로 두터워 매우 튼튼하며 반점 무늬가 섞인 털이 많고 조밀한 편이어서 추위에도 강하다. 또한 후각이 잘 발달되어 있어 구조견으로서 우수한 견종이다.

성장기에 영양이 부족하면 골절이 되기 쉬우며, 무리한 운동도 하지 않는 것이 좋다. 큰 개체는 체중이 100kg에 육박하므로 응석을 부리느라 장난치며 달려드는 경우 어른도 뒤로 넘어지면서 머리를 세게 부딪치는 경우도 있으므로 주의해야 한다. 사람을 쫓아다니거나 놀기를 좋아하지도 않고 돌아다니는 일도 적으므로 몸집은 초대형이지만 존재감이 거의 없다.

평소에는 상냥하고 온화하여 아이들과 잘 어울리면서도 대담한 면이 있어 번견으로서 적합하다. 헛짖음도 적어 가정견으로는 매우 적합하지만 사육비의 부담이 있음을 감안해야 한다. 또한 주인을 인정하지 않으면 반항하는 경우도 있으므로 어릴 때부터 명령에 따를 수 있도록 확실히 훈련을 해 놓는 것이 좋다.

커다랗고 조용하며 점잖은 개를 좋아하는 사람에게 적합하며, 기본적인 복종 훈련 정도는 성실하게 시킬 수 있는 사람이 기르기에 좋은 견종이다.

20. 시베리안 허스키

원산지	시베리아
키	50~60cm
몸무게	16~27kg
그룹	워킹

북극의 신사라는 별명을 가진 이 개는 이름 그대로 시베리아 북동부의 콜리마강 유역에 사는 추크치족이 썰매를 끌게 하던 개였고 종종 사냥을 보조하는 일에도 사용하였다. 추크치(Chuckchi) 부족은 '개 사육을 하는 부족'이라는 뜻이라고 한다. 20세기에 들어서면서 알래스카 지방에서 개썰매 경주에 쓰이면서 알려지게 되었다.

또한 '놈'이란 마을에서 디프테리아 전염병이 발생했을 때 항혈청을 개썰매로 운반하여 많은 사람들을 구했는데, 중간 주자였던 세팔라와 대장견 토고가 무려 276km를 달려서 항혈청을 운반하였을 정도로 엄청난 지구력을 자랑하는 견종이다.

알래스칸 말라뮤트가 단거리의 무거운 짐을 운반하는 개라면 시베리안 허스키는 썰매를 끄는 개들 중에서는 몸집이 작은 편이며, 매우 적은 먹이를 먹고도 장거리를 뛰어 적은 무게의 짐을 실어 나르는 개로 참을성이 대단하다. 믿기지 않을 정도로 먼 거리를 적당한 속력으로 달리며 잡은 사냥감을 썰매에 실고 달릴 수도 있다.

시베리안 허스키는 중형견으로서 주로 사역적인 역할을 위해 발이 빠르고, 경쾌하며 동작이 자유롭고 매력적이다. 체형은 튼튼하며 지구력 있고, 허벅지의 근육이 잘 발달되어 있으며 털이 잘 밀생되어 있다. 흡사 늑대와 비슷한 머리 형태에 흰색의 독특한 무늬가 있고 쫑긋한 귀와 아래로 늘어뜨린 빗자루 같은 꼬리의 형태가 북방계 혈통임을 말해 준다. 눈의 색깔이 푸른색인 경우도 있고, 갈색과 파란색의 눈이 함께 있는 것도 있다. 시베리안 허스키의 힘찬 걸음걸이는 매끄럽고, 유연하게 보인다.

여름에는 더위에 약한 편이며, 털갈이 시기에는 대량의 털이 한꺼번에 집중적으로 빠지는 경향이 있으므로 손질이 필요하다.

그러나 늑대와 비슷한 생김새와는 다르게 성격은 야성이 많이 남아있지는 않으며, 사육주에게 고분고분하고 장난도 제법 많지만 다른 사람에게는 약간의 경계심도 있다. 그러나 주인을 리더로 인정하지 않으면 반항하는 경향도 있고 다른 개들에게도 친절한 편은 아니다.

머리가 나쁜 편은 아니지만 훈련에 따르려는 의욕이 부족해서 제멋대로인 면도 있고, 특별한 재주가 많은 편도 아니다. 인내심이 많고 헛짖음도 적으며 무는 성질도 적다. 체력이 좋고 운동을 좋아하므로 가급적이면 매일 운동을 시켜 주는 것이 좋다. 집에 가두어 두면 사회성이 몸에 배지 않으며, 신경질적이거나 내성적인 개가 될 수 있다.

개와 함께 운동하는 것을 좋아하고 확실한 명령으로 리더로서의 위치를 누리는 것을 좋아하는 사람에게 적합하다. 다양한 환경에서 기를 수 있으며 실내에서도 가능하긴 하지만 털갈이 시기에는 고생을 감수해야 한다.

21. 아키다

원산지	일본
키	61~71cm
몸무게	34~50kg
그룹	워킹

일본의 동북지방에서 예로부터 사냥에 이용되어 왔던 중형의 사냥개를 선조로 하며, 에도시대에 아키다의 영주가 투견으로 사용한 것이 시초이다. 그후 보다 대형화를 하기 위해 마스티프 등의 서양개와의 혼혈을 시도하여 현재의 아키다견의 모양을 이루게 되었다. 소화 시대(1926~1988)로 접어들면서 투견이 금지되자 일본견으로서의 특징을 잃어 가기 시작했는데, 아키다 보존협회가 설립되면서 1931년에 천연기념물로 지정되었다. 제2차 세계대전 후에 일본에 있던 미군에 의해 미국으로 건너간 아키다는 많은 인기를 모아 일본견으로서는 처음으로 AKC에 공인되었으며, 현재는 미국에서 개량된 아메리칸 아키다가 일본 아키다보다 세계적으로 높은 인기를 얻고 있다. 아키다는 매우 충성스러운 개로 알려져 있는데, 그 계기는 도쿄대학의 교수였던 주인이 죽은 후에도 10년 동안 매일 시부야 역으로 마중을 나가 주인이 돌아오기를 기다린 충견 '하치'의 이야기가 전해지고부터이다. '하치'의 이야기와 모습은 시부야 역에 동상으로 남아 있다.

아키다는 귀가 서고 꼬리가 말린 전형적인 일본 형태의 개로 일본개 중에서는 가장 체구가 크고, 소박한 모습에 단단한 체구를 하고 있다. 털색은 황색 등 여러 가지 색이 인정되며, 위엄이 있고 행동이 중후하다.

이 개는 기억력이 좋고 헛짖음도 없으며, 쉽게 흥분하지 않는 진중한 성격이다. 주인만을 따르는 성향이 있고 낯선 사람을 경계하여 번견으로도 적합하다. 훈련성이 뛰어난 것은 아니지만 한번 익힌 것은 잘 잊지 않으며, 장난을 좋아하지도 않고 사람한테 의지하는 성격도 아니므로 어떻게 보면 매우 편한 성격의 개다. 침착하고 냉정한 편이지만 다른 동물을 보면 흥분하고 공격을 하려는 성향도 있어 주의가 필요하다.

꾸미지 않은 소박한 모습에 중후하고 침착한 성격을 가지고 주인에게만 깊은 관심을 보이는 개를 좋아하는 사람에게 적합하다. 다만 다른 개나 동물에 대한 공격성이 남아 있으므로 어릴 때부터 통제하여 완화시켜 줘야 한다.

22. 알래스칸 말라뮤트

원산지	미국
키	55~70cm
몸무게	34~39kg
그룹	워킹

혹한의 땅 알래스카에서 살고 있던 이뉴잇(에스키모)족 중 한 부족인 마핼뮤트족이 썰매를 끌게 하거나 사냥 등에 이용하며 생활하던 개이다. 썰매를 끌던 개들 중에 가장 오래된 견종이며, 1800년을 전후하여 백인들이 알래스카로 이주하여 들어오면서 외부 세계로 알려지기 시작했다.

시베리안 허스키나 사모예드와 마찬가지로 썰매를 끌던 개 특유의 강인한 힘, 두터운 이중모 구조의 털이 유사하지만 그들보다 한층 커다란 몸집을 자랑한다. 다리도 굵고 짧은 몸통으로 무거운 짐을 끌 수 있을 정도로 힘이 대단하며, 풍성하게 말려 올라간 꼬리는 탐스러움을 더해 주고 있다. 시베리안 허스키와는 다르게 푸른 눈은 인정되지 않는다. 혹한기에 견딜 수 있을 만큼 모량이 많고 직립한 까칠까칠한 털이 커다란 늑대를 연상하게 한다.

더위에 매우 약하므로 여름에는 특별한 관리가 필요하다.

참을성이 많고, 자기 식구에 대한 보호 본능이 강하고, 온순하며 조용한 개이다. 상냥하고 힘이 세며 사육주에게 매우 고분고분하다. 그러나 단체 생활을 해오던 썰매개인 만큼 서열 정하기를 정확히 하지 못하고 자기의 서열이 가장 높다고 착각을 하는 수도 있어 어린 아이나 주부가 이 개의 서열 밑에 있게 된다면 그 집은 그날부터 진짜 개판이 될 것이다. 또한 종종 광폭한 성질로 변하는 수가 있으며, 어릴 때부터 성격을 제어하지 못하면 힘세고 위험한 폭군이 될 수 있고, 사람을 공격할 수도 있으므로 어릴 때부터 철저한 복종 훈련이 필요하다.

개와 운동하는 것을 즐기는 사람으로 확실한 복종 훈련을 시킬 수 있는 사람에게 적합하다. 이 개는 몸집이 크므로 사육관리상의 애로사항을 미리 감안하고 선택하여야 한다.

23. 미니어처 슈나우저

원산지	독일
키	30~35.5cm
몸무게	6~7kg
그룹	테리어

15세기경 독일에서 부드러운 털을 가진 핀세르(Pinschers)에 검정색의 푸들, 울프 스피츠 등을 교배시켜 탄생한 개가 스탠다드 슈나우저(키 45~50cm)로 쥐도 잡고, 가축들을 몰고 다니며 돌보고, 집과 외양간을 지켰다. 또한 그 개는 짐수레를 끌고 시장으로 짐을 운반하였으며, 한가로운 시간에는 아이들을 돌봐 줘서 '친절한 수호자(Kinderwachter)'라고 불렸다. 19세기에 들어 소형화의 붐이 불자 아펜핀셔와 푸들과 교배시켜 보다 소형화된 미니어처 슈나우저(키 30~35.5cm)가 독립된 품종으로 탄생되었으며, 쥐 등을 퇴치하는 역할을 하였다. 또 스탠다드 슈나우저보다 큰 자이언트 슈나우저(키 60~70cm)라는 대형견도 동일한 형태를 가지고 있다. 슈나우저란 독일어로 '콧수염'을 의미하며, 입에 난 털 모양에서 비롯된 이름이다.

미니어처 슈나우저는 장방형에 가까운 머리 모양을 하고 있으며, 털을 깎을 때, 턱수염과 구렛나루, 눈썹 등은 깎지 말아야 하며, 다리와 발바닥도 마찬가지다. 키와 몸길이가 거의 같은 길이여서 옆에서 보면 정방형에 가까우며 뼈대도 굵기 때문에 실제보다 커 보인다. 전신은 철사 모양의 털로 덮혀 있다.

성격이 매우 밝고 넘쳐나는 에너지를 발산하는 것처럼 상당히 활동량이 많은 견종이다. 자신이 마치 공룡이라도 되는 듯 용감하기로는 대형견이 무색할 정도이며, 공격성도 강해서 낯선 사람이나 동물에게 짖거나 달려들어 무는 경우도 있다. 집을 지키거나 위험을 알리는 능력이 뛰어나지만 어린 아이를 깔보는 경향이 강하며 물기도 잘 한다. 스탠다드 슈나우저는 훈련성이 좋은 반면 미니어처 슈나우저는 그렇지 못한 편이다. 놀기를 무척 놓아하며 장난도 심하고 자기가 먼저 놀아달라고 조르는 경우도 많다. 외톨이로 두면 정신이 불안정해질 정도로 몹시 사람을 좋아하며 그리워하는 개이다.

항상 함께 개와 생활하고 밝고 쾌활한 성격의 개를 좋아하는 사람에게 적합하다. 다만 유아를 무는 일이 있으므로 유아가 있는 가정에는 적합하지 않다. 운동은 꽤 필요한 편이며, 외부에도 자주 데리고 나가 다른 개나 동물에 대한 사회성도 키워 주는 것이 좋다.

24. 불테리어

원산지	영국
키	25.4~35.6cm, 53~56cm
몸무게	4.54~18.2kg, 24~28kg
그룹	테리어

불 파이터와 현재는 없어진 영국 화이트 테리어의 교배종으로 원래는 싸움을 위해 탄생되었다. 150여 년 전까지 영국에서 개끼리 피를 흘리며 싸우는 투견은 사람들이 매우 좋아하는 구경거리였다. 그 후에 투견이 금지되면서 개량이 되어 백색의 불테리어가 생기면서 인기를 얻기 시작했고 독특한 외모가 사람들로부터 주목을 받기 시작하면서 세계로 퍼져 나갔다.

조지 패턴 장군은 '윌리'라는 이름의 불테리어를 항상 동반하였으며 그의 부대의 상징으로 내세운 바 있다. 루스벨트 대통령 역시 백악관에서 불테리어 종을 소유하였다.

불테리어는 앞에서 보면 얼굴이 계란처럼 펀펀하고 밋밋하며 둥글게 솟은 콧등을 지나 코끝은 아래를 향하고 삼각형의 작은 눈이 독특한 외모를 만들고 있다. 종종 눈에 멍이 든 것처럼 눈 주위만 검정 반점이 생기는 것도 있어 사람들에게 코믹한 이미지로 다가오며 만화 영화의 소재로도 쓰인다. 그러나 투견이었던 만큼 근육질의 몸통에 다리의 뼈대도 굵어서 굉장한 지구력과 무는 힘을 소유한 견종이다.

오늘날의 불테리어는 여전히 기민하고 힘이 세긴 하지만 옛날에 비해서는 평화적이며 유순하다. 자신과 주인의 가족을 보호하고, 아무 상황에서나 적대적이지 않으며 이러한 특성은 '백의의 기사'라고 불리기도 한다. 미국에서는 강에서 물놀이를 하던 어린아이에게 악어가 다가오자 불테리어가 물로 뛰어들어 악어와 싸우고 어린 아이를 구한 사실이 해외토픽에 났던 적도 있다.

사육주에게는 그만큼 충실하고 훈련성도 좋으며, 어떠한 환경에도 쉽게 적응한다. 익살스러운 행동으로 사람을 기쁘게 하는 것을 좋아하며 그것을 즐겁게 받아주면 몇 번이고 연기해 주는 서비스 정신도 있다. 불테리어종은 뛰어난 운동 신경을 가지고 있어서 항상 공놀이나 원반던지기 하는 것을 좋아한다. 오랫동안 격투견에서 제외되어 왔기 때문에 애완 고양이나 다른 개들과도 잘 지낼 수 있는 품종으로 알려졌지만 독점욕이 강한 편이어서 자기의 물건이나 영역을 침범하면 상대에게 치명적인 타격을 입힐 수 있다. 화가 나면 특유의 투쟁 본능이 깨어나 무모하기까지 하다. 또한 낯선 사람이 자신의 행동에 제재를 가하면 공격적이 될 수 있으니 훈련이 절실히 필요한 개다.

독특한 외모를 좋아하고, 영리하고 재미있는 성격을 좋아하며 확실한 훈련과 교육으로 통제하여 자신만의 개를 만들기를 좋아하는 사람에게 적합하다. 따라서 초심자가 기르기보다는 개를 잘 아는 사람에 의해 확실한 통제하에 기르는 것이 좋다.

25. 스코티시 테리어

원산지	영국
키	25~28cm
몸무게	8~10.5kg
그룹	테리어

스코티시 테리어는 초기에 하이랜드 지방의 애버딘시 부근에서 사육되었기에 에버딘 테리어로 불렸다가 19세기 말에 서해안의 스카이랜드의 토착견으로 스코티시 테리어로 불리게 되었다. 여우나 족제비 사냥에 이용되었으며, 케언 테리어로부터 영향을 받은 것으로 추정된다. 이 개는 스코틀랜드를 대표하는 견종이며, 미국의 프랭클린 루스벨트 대통령이 취임했을 때 '파러'라는 이름의 스코티시 테리어를 백악관으로 데리고 들어가면서 더욱 인기가 높아졌다. 또한 스카치위스키의 검정색과 흰색의 상표에 순백의 웨스트하이랜드 화이트테리어와 검은 색의 스코티시 테리어가 나란한 모습으로 한 쌍을 이루고 있다.

오늘날은 검정, 회색, 연한 갈색, 얼룩빼기 등 여러 가지 모색이 있다. 튀어나온 눈썹과 구렛나루는 이 개의 머리 부분에 눈길을 끌게 약간 찌푸린 듯한 인상을 준다. 멀리서 이 개를 보면 작은 말이 앉아 있는 것처럼 보인다. 완고하며 공격적인 외모를 가지고 있는 이 개는 다리가 짧으나 운동량이 많고 활동적이며, 사냥개로 개발된 테리어답게 상당히 민첩하다. 단단하고 철사 같은 털은 여러 기후에 적응이 용이하며 짜리몽땅한 몸은 짧고 두툼한 다리와 묘한 조화를 이룬다.

이 개는 한마디로 다혈질이다. 매우 공격적이고 흥분을 잘한다. 원래 테리어 종류가 대부분 흥분도 쉽게 하고 활동력이 높으며 쾌활하지만 이 개는 그중에서도 가장 공격적이며 흥분도 잘한다. 쾌활하게 이리저리 돌아다니다가 대수롭지 않은 일에 갑자기 흥분을 하거나 공격적이 된다. 자립심과 독립심이 강하고 거만해지거나 완고하기까지 하다. 혼을 내도 듣는 체조차 하지 않는 경우도 있을 만큼 자존심도 강하며 매우 영리하다. 번견으로도 매우 우수한 성능을 자랑하며 웬만한 추위에도 끄떡없다. 다른 개에 대해 매우 공격적이다.

이 견종은 실외에서 개를 기르고 싶고, 작은 개를 원하며, 외모도 그런대로 멋있는 견종을 원하는 사람에게는 적격이다. 또한 다혈질의 독특한 성격을 보며 너털웃음을 지을 수 있을 만큼 견종의 성격적 특성을 이해해 줄 수 있는 사람이어야 한다. 아이들을 무시하는 경향이 매우 강하므로 실내에서 기를 경우 유아가 있는 집에서는 피해야 한다.

26. 에어데일 테리어

원산지	영국
키	56~61cm
몸무게	20kg
그룹	테리어

영국 요크셔 지방의 에어 계곡(에어데일)에서 수달 사냥에 이용되던 오터하운드와 큰 몸집의 테리어계와 아이리쉬 테리어 등이 교배되어 에어데일 테리어가 만들어진 것으로 추정된다. 테리어 종류의 개 중에서는 가장 몸집이 크며, 여우 등 여러 가지 동물의 사냥개로 우수한 견종이다. 또한 제2차 세계대전 등에서 군견으로도 활약하여 물자 수송이나 전령의 임무를 훌륭하게 수행했다.

허친슨 개 백과사전(Hutchinson's Dog Encyclopaedia)에 따르면 "유럽과 아시아의 여러 국가의 부대에서 귀여움을 받던 에어데일은 훈련하기가 쉽고 일단 훈련받은 개는 주로 전쟁터에서 물건을 나르거나 부상병을 찾아내는 데 탁월한 능력을 발휘하였고, 개의 단호한 결단력과 의무를 충실히 이해하고 거의 초인적인 인지력을 보여준다."라고 서술하고 있다. 그만큼 이 개의 인지력은 매우 높고 냄새를 따라 추적하는 실력도 뛰어나 러일전쟁 시 러시아 군대에서 활약하며 일본군의 위치를 찾아내고 알려주어 일본군을 곤혹스럽게 만들었다고 한다.

에어데일 테리어의 털은 견고할 뿐 아니라 뻣뻣하다. 곱슬거리는 털은 꾸준한 손질이 필요하며 귀는 반 정도 아래로 꺾이고, 높게 붙은 꼬리는 머리끝의 높이와 비슷한 정도로 자른다. 턱은 잘록하여 사각형이고 주둥이에 수염이 있는 것이 특징이다. 날씬하면서도 힘 있는 체구는 뛰어난 운동 능력이 있음을 짐작하게 한다.

이 개의 매력은 머리 좋은 개와 주인의 두뇌 싸움에 있는지도 모른다. 훈련성이 매우 뛰어나고 쉽게 배우는 반면 제멋대로인 경향도 있다. 대단한 장난꾸러기이면서 때로는 느긋한 모습을 보여 주기도 하고, 쾌활한가 싶다가도 사소한 일에 흥분하기도 하고, 응석을 부린다거나 조용히 자리를 지키는 것도 상황에 따라 스스로 판단하기도 한다. 스스로 뭔가에 활용되기를 바라는 면도 있어서 물건 물어오기 등의 일정한 임무를 주는 것도 좋다.

말귀를 잘 알아듣고 머리 좋은 개를 원하는 사람에게 좋으나 일반적인 테리어 종과는 달리 큰 몸집을 가지고 있으며 활동력이 왕성하여 매일 장거리 산책을 시켜주어야 한다. 개의 사육 경험이 풍부하고 체력이 밑받침되는 사람에게 좋다.

27. 웨스트하이랜드 화이트테리어

원산지	영국
키	25~28cm
몸무게	7.5~10kg
그룹	테리어

이 견종은 스코틀랜드의 억센 털을 가진 테리어 중에 의도적으로 하얀 색의 견종을 만들기 위한 노력으로 탄생되었다. 스코틀랜드 어게일셔(지역 이름)의 말콤 폴텔로츠 대령이 1860년 사냥 중에 그가 가장 아끼는 테리어(검은색의 테리어)를 사냥물과 혼동하여 사고로 총을 쏘아 죽게 하였다. 그리하여 사냥물과 쉽게 구분할 수 있도록 하얀색의 테리어들만 골라 기르기로 결심하게 되었고, 이것이 기원이 되어 화이트테리어가 만들어지게 되었다. 그 후 1904년에 이르러서야 그들은 최초로 웨스트하이랜드 화이트 테리어란 이름으로 다른 테리어종과 분류되었다. 화이트테리어는 검은색의 스코티시 테리어와 함께 스카치위스키의 상표에 있는 개로도 유명하다.

화이트테리어는 1906년에 웨스트민스터 전람회의 관람객들을 처음으로 매료시켰다. 곧게 뻗은 짧은 앞다리, 복스럽고 하얀 털, 위로 똑바로 서 있는 작은 귀와 단추 모양의 까만 코, 똑바르고 짧은 등은 꼭 껴안고 싶은 귀여운 이미지를 준다. 털은 순백색으로 겉 털은 뻣뻣한 철사 모양이며, 곱슬거리고 말리지 않는다.

화이트테리어는 매우 활동적이며, 수상한 소리나 움직임에도 매우 민감하게 반응하고 짖으므로 번견으로도 적당하다. 사랑스러운 외모에 비해 자립심이 강하고 무엇에든지 관심이 많아 그것에 집중하기도 한다. 스코티시 테리어보다는 조금 덜하지만 무는 성향도 강해서 다른 집 아이들이 관심을 보이면 달려들어 물기도 한다. 꽤 영리한 편이지만 제멋대로이고 오기가 대단하므로 강아지 때 길들이기에 실패하면 문제아가 되어 버릴 수도 있다.

개의 생활 패턴을 잘 관찰할 수 있으면서 엄한 훈련으로 통제가 가능하도록 제어할 수 있는 사람에게 적합하다. 유아가 있는 가정에서는 다른 견종을 고려하는 것이 좋다.

28. 잭러셀 테리어

원산지	영국
키	23~30.5cm / 30~38cm
몸무게	5~8kg
그룹	테리어

19세기 중반, 잭 러셀(Jack Russel)이라는 사람은 여우 사냥에 열중해서 88세의 나이로 세상을 뜨기 전까지 시합이라는 시합은 모조리 쫓아다녔다. 여우 사냥꾼들에게는 여우를 몰아 줄 개가 필요했다. 많은 사냥꾼들은 덩치도 작고, 키도 작은 테리어들을 사용하였는데, 이들은 여우 굴까지 말 등에 얹어 데려가야만 했다. 잭은 자신의 발로 따라와 줄 긴 다리의 견종을 원해서 결국 새로운 견종을 탄생시켰다. 대단한 활동력과 의욕을 가진 잭러셀 테리어는 굴 파는 데에 능숙할 뿐만 아니라 쥐잡이의 명수이기도 하다. 한 영국인과 4마리의 잭러셀 테리어가 팀을 이루어 단 하루 만에 닭 농장에서 3톤 분량의 쥐를 잡아들였다는 믿기 어려운 기록이 있을 정도이다.

우수한 잭러셀의 크기는 여우와 비슷하다. 만약 여우가 들어갈 수 있는 구멍이라면 이들도 무리 없이 들어갈 수 있다. 가슴은 너무 굵지 않고 유연하며 다 자란 개의 잘려진 꼬리는 쭉 폈을 때 대략 10cm 정도 되는데, 이는 주인이 굴에서 그들을 빼낼 때 잡을 수 있는 손잡이 역할을 한다. 전체적으로 샤프하면서도 근육질의 탄탄한 몸은 매우 탄력적이며 비교적 길고 단단한 다리는 달리기 능력과 엄청난 점프 능력도 가지고 있다.

영예로운 임무수행 혹은 사고로 생긴 오래된 상처와 흉터들은 임무 수행에 필요한 움직임이나 번식에 지장을 주지 않는 한 쇼에서도 불이익을 주지 않는다.

영리하고 활동적인 이 개는 정기적으로 바깥에서 운동을 시켜주면 집 안에서도 얌전하게 말을 잘 듣는다. 다른 개들과 싸우려는 기질도 강하고 쥐 등을 잡아 죽이려는 성향도 강하지만, 기본 훈련을 잘 받은 잭러셀 테리어는 아이들의 좋은 친구이기도 하다. 주인을 즐겁게 해주는 감각도 가지고 있으며, 관심을 끌고 싶어 하는 경향이 강하다. 그러나 너무 겁이 없는 이유로 큰 개에게 물리거나 사고를 많이 당하는 편이다. 또한 엄청난 활동력을 가지고 있어서 많은 양의 운동을 해야 한다. 한 마리 이상 있을 때 만약 울타리가 쳐져 있지 않다면, 그들은 자기들끼리 사냥하러 나가는 경향도 있다. 또한 오래 전부터 갖고 있던 땅을 파고 들어가는 본능 때문에 흙으로 된 마당을 엉망으로 만들기도 한다.

29. 달마티안

원산지	유고슬라비아
키	50~60cm
몸무게	23~25kg
그룹	논스포팅

달마티안은 무엇보다도 흰 바탕에 검정색 또는 갈색의 둥근 반점이 있는 매력적인 모습이 특징이다. 태어난 지 얼마 되지 않은 강아지에게는 반점이 보이지 않다가 성장하면서 뚜렷한 반점을 가지게 된다. 19세기 영국과 프랑스에서는 호화스러운 장거리 여행 마차의 양쪽을 호위하던 장식 겸 경비견으로 이용되면서 널리 알려지게 되었다.

기원은 확실하지 않지만 인도 뱅갈지방의 테리어에 터키 독을 교배하여 만들어졌으며 집시에게 사랑을 받아 먼 거리를 이동하면서 달마티아 지방을 거쳐 유고슬라비아로 들어가게 되었다는 설이 있다. 지금도 미국에서는 달마티안을 소방서의 마스코트견으로 하고 있는데 이는 당시 소방차가 마차였기 때문이라 예측된다. 또한 월트디즈니가 제작한 '101마리의 달마시안'이라는 영화가 방영된 이후 인기가 올라가기도 하였다.

장거리 마차를 호위하던 개였던 만큼 운동을 즐기고 활기 있게 뛰어다니려는 기질이 강하다. 타인에 대한 경계심이 강한 냉정한 성격이며, 잘 흥분하고 신경질적인 면도 있어 쓸데없이 짖기도 한다.

주인과 외출을 자주하여 다른 환경이나 사람들과 접촉할 수 있는 기회를 만들어 주는 것이 좋은 성격 형성을 위해 중요하다. 기민하고 튼튼하며 근육질이고 활력이 있으며 사람에 대한 부끄러움이 없다.

균형이 잘 잡힌 매끈한 체형으로 지구력과 스피드가 있다. 유전적으로 종종 귀머거리가 태어나는 경우가 있으므로 강아지 선택 시 확인을 해보는 것이 좋다.

야외에서 함께 운동을 할 수 있으면서 물방울무늬의 매끈한 모습을 좋아하는 분들이 키우는 것이 좋다.

30. 라사압소

원산지	티베트
키	25~28cm
몸무게	5.9~6.8kg
그룹	논스포팅

대단히 오래된 견종으로 티베트의 라마사원 승려나 귀족들 사이에 사육되었고, 행복과 평화와 번영을 부르며 액을 제거하는 개라고 믿고 있었다. 또한 열반에 이르지 못한 라마승들은 라사압소로 환생한다는 전설이 있기도 하다. 이런 믿음으로 말미암아 이들은 늘 융숭한 대접을 받는 견종이었다. 물론 이 작은 개들에게는 번견의 역할도 맡겨졌으며, 강한 경계심과 날카로운 짖는 소리로 반려견의 임무도 잘 해낼 수 있었다.

대대로 티베트 불교의 통솔자 달라이 라마가 중국 황제에게 라사압소 수컷을 진상했었다. 이 개는 지금까지도 '신성한 개'로 취급되어 행운의 마스코트나 '감사의 선물'로 손님들에게 선사되고 있다.

라사압소는 여러 나라에서 인기 있는 애견이 되었다. 이 개는 작은 체구이지만 튼튼한 체질을 가지고 있으며, 친분을 가지고 있는 사람과 낯선 사람을 구분하여 행동하는 성향을 좋아하는 사람들에게 사랑을 받고 있다. 다양한 기후와 생활 환경에 놀라울 만한 적응력을 가지고 있지만, 이들은 사교적인 성격 유지를 위해 많은 사람들과의 접촉을 필요로 한다.

쾌활하고 고집스러우며 낯선 사람들에게는 조심스럽다. 자립성이 강하고 주인에게 혼이 나도 금세 돌아서서 다시 장난을 칠 정도로 쾌활하므로 어릴때부터 단호하고 애정이 깃든 훈련으로 길들이는 것이 좋다. 하지만 이러한 성격이 라사압소만의 매력으로 꼽힌다. 어린 아이를 무시하는 경향이 있으므로 특별한 단속이 필요하다.

이 개는 장수하는 것으로도 유명하다. 개의 나이 18세는 그리 흔치 않은데, 이 견종 중에는 29세까지 생존했던 기록을 남기기도 했다. 쇼에서 라사압소는 눈과 머리를 완전히 뒤덮고, 바닥까지 닿는 아름다운 털 덕분에 자주 정상을 차지해 왔다. 이 개는 얼굴이 짧기 때문에 아랫니가 윗니보다 앞으로 나온 것이 보통이다. 털이 매끈한 것이 오히려 좋지 않으며 무겁고 풍성한 느낌이 드는 것이 좋다. 실내에서 기르는 것이 좋고 부지런히 털을 손질해 주고 인내심을 가지고 되풀이하여 길들일 수 있는 사람이 기르는 것이 좋다. 유아가 있는 가정에서는 다른 견종을 선택하는 것이 좋을 것이다.

31. 보스턴 테리어

원산지	미국
키	37~43cm
몸무게	4.5~11.4kg
그룹	논스포팅

이 개의 기원은 1870년 보스턴에 사는 애견가가 불독에 잉글리시 테리어나 불테리어를 교배하여 만들어낸 것으로 시작되었다. 초기에는 23kg이나 나가는 큰 개였지만 소형화가 되기까지 상당한 시간과 노력이 소요되었다. 처음에는 애호가들이 개의 이름을 불 테리어로 지었으나 다른 견종인 불테리어와의 혼동이 있어 이름을 보스턴 테리어로 개명한 후 미국 AKC에서 공인되었다.

이 개는 몸무게를 세 가지 표준으로 정하고 있다. 라이트는 6.8kg 이하, 미들은 6.8~9.1kg, 헤비는 9.1~11.4kg로 규정한다. 멋지고 매끈한 피모와 짧은 머리통 그리고 단단한 체구 구성에 짧은 꼬리를 가진 견종으로 전체적인 균형이 잘 맞는다. 검은 줄무늬, 약간 붉은 느낌이 도는 검은색 또는 검은색이 흰색 바탕과 어울어지는 모색을 가진다. 얼굴의 표정에는 영민함이 잘 나타난다. 몸은 비교적 짧고 잘 구성되어 사지는 튼튼하고 깔끔하게 형성되고 꼬리는 짧다. '균형, 표현, 유색과 흰 무늬'는 이 개의 외형적 특징을 나타내는 중요한 요소이다. 털빛에서 흰색이 많은 것은 피하는 것이 좋고 코는 검은 색이 좋다.

전반적으로 튼튼하나 머리가 크기 때문에 출산 시 제왕절개를 하는 경우가 많다. 추위에는 강하나 더위에는 상당히 약한 편이다. 이 개는 활력 있고 높은 지능을 가졌지만 훈련성이 탁월하지는 않다.

이 견종의 성격은 테리어의 활발함과 불독의 침착함을 함께 가지고 있는 것으로 보인다. 예를 들어 집안에 있을 때는 조용하나 밖에 나가면 잘 뛰며 장난이 심해진다. 사람을 매우 잘 따르며 항시 애정이 자기에게 쏠리고 있는가를 확인해 두지 않으면 안심하지 못하는 성격으로 사육주에게 응석을 부리거나 놀기를 재촉한다. 성격이 예민하며 애교도 많으나 질투심이 많아 혼을 낼 때 주의해야 하며, 아이들에게 반항을 할 때도 있다.

독특하고 귀여운 외모를 좋아하고, 개와 많은 시간을 함께 지낼 수 있는 사람에게 적합한 개이다.

32. 불독

원산지	영국
키	30~35cm
몸무게	23~25kg
그룹	논스포팅

소와 싸우는 투견으로서 오랜 역사를 가진 견종이다. 마스티프와 영국의 토착견과의 혼혈로 만들어졌다는 설이 있고, 멸종된 고대 전투견종이 조상견이라고 하는 사람도 적지 않다. 초기의 불독은 지금보다 다리가 길고 얼굴도 길었으며, 탄력이 넘치는 운동 성능으로 소와의 멋진 승부를 겨루었다고 한다.

불독은 소를 물고 있는 상태에서도 호흡이 가능하도록 코가 짧으며 위로 붙어 있고 소가 물린 상태에서 좌우로 흔들어도 넘어지지 않도록 균형을 잘 유지할 수 있는 넓은 가슴에 비교적 짧은 다리를 가지고 있다. 성격도 용맹하고 매우 호전적이었기 때문에 사나운 개의 대명사로 알려져 왔다.

1835년 영국에서 불 베이팅(황소싸움)이 금지될 때까지 600년간 전성기를 누리던 개였으며 수많은 개들을 제치고 영국견으로 채택됐고, 영국 해군의 마스코트이기도 하다. 잭 런던의 명작 '화이트 팽(하얀 어금니)'이라는 제목으로 늑대의 피를 가진 개의 무용담을 그린 책에서 주인공인 늑대개는 투견에서 연전연승을 하다가 불독과 싸워 심한 상처를 입고 패하는 것으로 묘사하고 있을 정도이다.

그러나 19세기에 들어 소와의 싸움이 금지되면서 특이하고 코믹한 모습을 사랑하는 이들에 의해 온화하고 침착하며 다정다감한 성격으로 개량되었다. 지금의 불독은 강한 개를 원하거나 싸움에 지지 않는 것을 원하는 이들에게는 실망감을 느끼게 될 것이다. 불독은 이제 그 생긴 모습을 재미있어 하거나 특유의 동작과 잠잘 때의 코골이를 즐기고 싶은 사람들이 기르는 개가 되었다.

대수롭지 않은 일에는 대체로 동요하지 않으며, 차분하고 침착하며 얌전한 개이다. 평소에는 아이들과도 잘 놀고 유순하고 잠이 많으나 일단 화가 나면 만만치가 않으므로 주의와 훈련이 필요하다.

두 귀와 두 눈 사이가 먼 것이 좋고 코와 눈꺼풀은 짙은 색이 좋다. 침착하고 유순하면서도 굳센 성품을 좋아하며, 의연한 태도로 기본적인 훈련을 시킬 수 있는 사람에게 좋다.

33. 비숑 프리제

원산지	프랑스 / 벨기에
키	23~31cm
몸무게	3~6kg
그룹	논스포팅

프랑스어 사전을 찾아보면 '비숑'은 성장시킨다는 의미이며, '프리제'는 털이 곱슬곱슬해진 것을 말한다. 이름과 같이 특이한 머리털 모양으로 사랑받는 견종이다.

14세기경 스페인 남쪽의 카나리아 제도의 페네리페 섬 해변에서 발견되었으며 이태리인 여행객이 유럽으로 데리고 돌아갔다고 하지만 확실한 근거는 없다. 확실한 것은 그 후 1500년경 프랑스에 반입되어 귀족들 사이에서 털을 향수로 씻는 '하얀 품안의 개'로 유행되었다고 한다.

그러나 프랑스 혁명이 지나고 그 수가 감소했다가 다시 유행하게 된 것은 1930년이 되어서이며 1934년에 프랑스의 FCI, 1971년에 미국의 AKC, 1975년 캐나다의 CKC에서도 공인되었다. 곱슬거리는 털을 가졌다는 뜻의 '비숑 프리제'라는 이름처럼 풍성하고 아름다운 털을 가지고 있으며 매우 튼튼한 체질의 견종으로 마치 인형 같은 느낌을 주어 프랑스 여성들 사이에서 인기 1위를 차지한다.

흰 솜사탕 같은 외모와 명랑한 성품을 가지고 있는 비숑 프리제는 작고 단단하며, 장식 털로 쌓인 꼬리가 등 위로 가볍게 올라가 있고, 진한 색의 눈은 호기심 가득한 표현을 나타낸다.

푸들과 같이 활발한 반면 독립심이 강해 혼자 집을 지키게 해도 얌전히 있으며 주인의 말과 행동을 민감하게 받아들인다. 무엇이건 이해가 빠르며 훈련 성능이 대단히 높아 반려견으로 적합하다. 헛짖음도 적고 배변 훈련에 애를 먹는 일도 거의 없다. 칭찬을 해주면 의기양양해지며 다른 개나 동물들과도 사이좋게 지낸다. 다만 무는 성질이 의외로 강해서 어린 아이들을 무는 것에 유의해야 한다.

혼자 사는 직장 여성 등 장시간 집을 비워 개를 혼자 두더라도 외로움을 덜 타는 개를 원하거나, 털 손질을 귀찮아하지 않으며 귀여운 모습을 좋아하는 사람에게 권한다.

34. 샤페이

원산지	중국
키	46~51cm
몸무게	16~21kg
그룹	논스포팅

조상견은 티베탄 마스티프로 생각되며, 투견으로 명성을 얻었다. 수 세기 동안 광동 지방에서 사냥, 가축몰이 및 경비 등으로 농부들을 도왔으며, 투견을 통해 그들에게 오락거리를 제공했던 것으로 알려져 있다. 이 개는 피부의 여분이 많아 주름이 잡힐 정도인데, 이러한 특징은 다른 개와 싸울 때 적수에게 단단히 물린 상태에서도 늘어나는 피부 덕분에 몸을 돌려서 상대방을 물 수 있도록 해준다. 마치 피부 속에서 몸통이 따로 움직이는 듯한 느낌까지 준다. 작은 귀와 움푹 들어간 눈은 부상을 예방하기에 적합한 또 다른 특징들이다. 이 개의 짧고 빳빳한 털을 깨무는 것은 상대편 개에게도 곤욕이 될 것이다.

차우차우가 해외에서 인기를 얻은 반면, 샤페이는 본고장인 중국에서 점차적으로 사라졌으며, 홍콩에만 몇 마리 남았었다. 그러나 샤페이가 완전히 사라지는 것을 우려했던 외국인이 한 잡지 기고를 통하여 진기한 개가 사라지는 것을 막자는 호소를 했고, 그후 1970년대 몇몇 개체가 미국으로 들어와 번식에 활용되었으며, 세계에서 가장 희귀한 견종으로 여겨져 1978년 기네스북에 오르기도 하였다.

이들의 기묘한 생김새는 곧 독쇼에서의 화제로 떠올랐고, 당연히 독특한 것을 좋아하고, 수집 취미가 있는 사람들 사이에서 열풍을 불러일으켰다. 그 이후 샤페이의 수는 급격히 불어났으며, UKC와 AKC의 변종 그룹의 승인을 얻게 되었다. 모든 강아지들은 귀엽고 사람의 마음을 끌지만, 자기 몸보다 몇 배는 더 큰 쭈글쭈글한 피부를 한 샤페이 강아지처럼 귀여운 것은 없다.

이 개를 구입하려는 사람들은 이 견종의 특성을 파악하고 잘 관리할 수 있는 사전 지식을 습득해야 한다.

주름이 많은 이유로 피부 질환에 잘 시달리는 경향이 있으므로, 이들의 피부는 털이 텁수룩한 개들만큼 세심한 신경을 써 주어야 한다. 눈병도 걸리기 쉬우므로 어떤 소유주들은 이 개가 생후 8~10주가량 될 때까지 3~4주에 한 번 수의사에게 데려가 눈꺼풀 고정 수술을 시킨다. 커 가면서 자신의 피부 크기에 맞게 되며, 다 자라면 주름은 얼굴과 어깨에만 남아 있다.

샤페이는 보스 기질이 강해서 같은 집에 사는 동료들 중에 강한 상대를 골라 싸움을 걸기 좋아한다. 따라서 이런 강인한 성격은 단호한 훈련과 사회화를 필요로 한다.

이들은 자신의 가족을 잘 따르며, 개집을 지어 주면 항상 부숴 버리는 습관이 있으므로 대개 집 안에서 길러진다. 애정을 가지고 피부 손질과 눈꺼풀 등의 신체 관리를 꾸준히 해줄 수 있으면서 개성 있는 특이한 외모와 강인한 성격을 좋아하는 사람들에게 권한다.

35. 차우차우

원산지	중국
키	45~55cm
몸무게	20~30kg
그룹	논스포팅

몽골견의 후예라는 설, 티베탄 마스티프와 사모예드의 혼혈이라는 설, 심지어는 가능성이 전혀 없는 곰의 후예라는 설 등이 있지만 그 기원에 대해서는 여전히 수수께끼이다. 이 견종의 대표적인 특성 중에 하나는 유독 흑색 또는 보라색의 혀를 가지고 있다는 점이다. 털이 방한용으로 사용되거나 식용견으로 키워진 아픈 과거가 있지만 현재는 아기 곰을 연상시키는 귀여운 용모로 가정견으로 인기를 모으고 있다.

차우차우는 20세기 초까지지도 야성미 넘치는 거친 성질로 양을 습격하기도 하였다. 노벨상 수상자로서 동물행동학자인 K.로렌츠는 이 태고의 기질을 지닌 개가 1920년 이후 전람회 전문가에 의해 형태만 중요시된 결과 성능이 망가져 버렸다는 것을 탄식할 정도로 야성적 기질을 가지고 있었다.

넓고 편평한 큰 머리와 짧고 넓고 깊은 주둥이는 강인한 악력을 가지고 있으며, 풍성하고 긴 갈기털이 머리를 더욱 커 보이게 한다. 풍성하고 뛰어난 이중 털로 덮인 이 개는 위엄과 자연적인 아름다움이 절묘하게 어우러져 있으며 화난 듯한 표현과 뽐내는 듯한 움직임이 독특함을 가진다. 위엄 있고 여유 있는 침착함이 중국 특유의 대인(大人)의 기질을 보는 듯하다.

혀와 입이 자색이며, 눈은 오목눈이며, 몸이나 다리에 비해 발이 작고, 다리가 거의 일직선이라 걸음걸이가 상당히 우스꽝스럽다. 추위에는 강하나 더위에는 약하므로 주변 온도에 신경을 써야 한다. 시력이 좋지 않은 반면 청각이나 촉각에는 민감하므로 갑작스럽게 다가가면 민감하게 반응하면서 공격적으로 변할 수도 있어 주의해야 한다.

조용한 성격이며, 주인에게 충실하지만 타인에게는 상당히 배타적이다. 그래서 이 개는 한 사람만 따르는 것으로도 유명하다. 매우 침착하고 냉정하며 경계심이 강해서 반려견으로서의 기능도 뛰어나다. 또한 청결한 것을 매우 좋아한다.

주인 한 사람만을 섬기고 침착하고 충직한 절개 있는 신하와 같은 개를 좋아하는 사람에게 좋다.

36. 벨지안 쉽독

원산지	벨기에
키	61~66cm
몸무게	28kg 내외
그룹	허딩

벨지안 쉽독은 벨기에 태생으로 강인하며 일 잘하는 양치기 개였다. 중세 시대까지만 해도 매우 거친 견종이었으며, 가축을 보호하는 능력에 중점을 두고 번식되었다. 그래서 일 잘하는 암캐의 새끼를 원하는 주인들은 되도록이면 가까운 혈족 중에서 뛰어난 양치기 개를 골라 자신의 암캐와 교배시켜 순수성을 높여 나갔다. 이들은 뛰어난 훈련성과 작업 능력으로 목축업에 절대적인 부분을 차지해 왔으며, 그 영민성은 세계적으로 인정되어 오늘날에는 군견, 경찰견, 마약 탐지견 등 상당히 광범위한 용도로 활용되고 있다.

쫑긋 선 귀에 근육질이면서도 샤프한 몸체, 뚜렷한 각도를 가진 다리의 뛰어난 운동 성능을 가진 몸을 하고 있다. 저먼 셰퍼드와도 유사한 면이 있지만 보다 날쌔고 가벼운 느낌이다.

이 개는 한때 8가지 변종으로 전해져 왔으나 오늘날에는 그중 4종만이 남아 있다. 이름들은 각자 제일 유명했던 지역 이름을 본떠 지은 것으로, 털의 모양이나 색에 따라 마리노이즈, 그레넨달, 레크노이즈, 터뷰렌으로 나뉘며, 털을 제외한 나머지의 기준은 동일하다.

4가지 종류 중에는 털이 짧고 검은 주둥이에 황색 몸털을 가진 마리노이즈가 제일 먼저 유형을 확립하였고, 최고의 사역견으로 유명했기 때문에 이 종 외의 나머지 3종은 한때 '다른 마리노이즈 변종'이라고 불렸다. 마리노이즈는 '말리네에서 건너온 뛰어난 목양견'이라고 많은 사람들에게 칭송을 받았다. 마리노이즈는 훈련이 용이하고 강한 사역견으로 모든 작업을 능숙하게 처리하며 기후가 좋지 않는 곳에서도 잘 적응한다.

그레넨달은 우아하고 아름다운 검은색의 긴 털을 가진다. 그레넨달은 세계대전 때 부상병을 찾아내고 전선에 메시지를 전달하는 일을 하면서 자신의 조국을 위해 봉사하였다. 이런 훌륭한 활약상으로 그레넨달은 전쟁에 참가하였던 미국 군인들에 의하여 북미 대륙에까지 알려지게 되었다.

레크노이즈는 이들 중에서 가장 희귀하고 드문 종으로 털이 퍼머를 한 것처럼 곱슬거린다. 이 견종은 오늘날에도 훌륭한 경비견으로 벨기에의 군인이나 경찰들을 도와주고 있다.

터뷰렌은 길고 끝이 검은 황갈색 털을 가진 개로 가슴 주변이 검어 마치 턱시도를 두른 듯한 기품이 있다. 이 견종은 전쟁이 진행되면서 사람들의 기억 속에서 사라졌다가 전쟁이 끝나면서 다시 관심을 불러일으켰고, 1950년대 미국으로 수출되면서 급속한 발전의 계기를 마련하였다.

벨지안 쉽독은 강인하고 용맹하며 뛰어난 훈련 성능을 가지고 있어 다용도의 사역견으로 쓰이고 있다. 예민하게 움직이는 귀, 반짝이는 눈과 강인한 기질, 주변 상황의 변화에도 유지되는 냉철한 판단력을 보여준다. 무언가를 배우려는 의욕이 좋아서 많은 것을 쉽게 터득한다. 타인에 대한 경계심도 높아서 번견으로도 적당하다.

특별한 용도에 쓰이는 자신만의 개를 훈련시켜 보고 싶은 사람에게 적합하다. 다만 예민하고 강인한 개이므로 확실한 통제와 복종 훈련이 필요하다.

37. 보더 콜리

원산지	영국
키	48~53cm
몸무게	18~23kg
그룹	허딩

보더 콜리의 조상견은 8세기 후반부터 11세기까지 스칸디나비아반도를 중심으로 발생한 바이킹이 영국에 반입한 순록몰이용 목축견이라는 설이 있다. 이 개는 스코틀랜드와 잉글랜드 사이의 국경부근에서 유래한 옛 스코틀랜드의 목축견으로부터 많은 영향을 받았다. 오래전부터 이 지역의 사람들은 이 개의 눈에 양 떼를 움직이고 혹은 돌게 만드는 최면적인 능력을 품고 있다고 믿어 왔다. '올드 햄프'라는 초기의 이 품종은 지금까지 영국의 양 몰이 경기에서 단 한 번도 패하지 않았다. 또한 "충성스런 이들은 양 떼들과 언덕에 서서 양치기가 죽은 지 며칠 후에도 그 옆을 떠나지 않고 지키고 있었다."라고 사람들은 말한다. 그러나 보더 콜리는 콜리만큼 우아한 외모를 가지고 있지 않아 세계 공인견종으로는 늦게 인정되었다. 세계적으로 사람과 함께 즐기는 프리스비 또는 아질리티 경기에서 두각을 나타내고 있다.

흑색과 백색의 조합이 주를 이루는 이 개는 회색과 갈색, 블루멀 등 다양한 색상이 인정된다. 귀는 직립하거나 반 정도 선 형태로 기민하게 움직이며, 영리함이 보이는 눈과 균형이 잘 잡힌 몸을 가지고 있고 털이 길어 풍성한 느낌을 준다. 중형으로 체구가 작은 편이어서 약간의 공간만 있어도 사육이 가능하다.

이 개는 자주 '농장의 양치는 개', '일하는 양치는 개'로 불리며, 농부와 목양하는 사람들을 돕는 일을 잘하는 개로 남아 있을 만큼 훈련성이 뛰어나다. 훈련과 복종 능력을 기준으로 한 순위에서는 거의 1위를 차지할 정도이다. 무언가를 하지 않으면 매우 심심해하며, 마치 일에 중독증이 걸린 것처럼 끊임없이 일거리를 찾으며, 특히 움직이는 것에 많은 관심을 보인다. 보더 콜리는 일을 부여받아 기민하게 움직이며 힘을 분출시킬 때 가장 행복해한다. 이들을 오래 키운 사육가는 "보더 콜리와 같이 사는 것은 그림자를 늘 달고 다니는 거와 같다."라고 말할 정도로 사람의 주위에 있는 것을 좋아한다. 다만 헛짖음이 있으며, 느긋하게 앉아 있는 스타일이 아니다.

부지런하고 성실하며 가르치는 것을 쉽게 배울 수 있는 하인과 같은 개를 거느리고 싶은 사람에게 좋다. 그러나 헛짖음 정도는 교육으로 통제할 수 있을 정도의 엄격함이 필요하다.

38. 셰틀랜드 쉽독

원산지	영국
키	35~40cm
몸무게	6~7kg
그룹	허딩

셰틀랜드 쉽독은 스코틀랜드 셰틀랜드 섬의 토착견으로서 이름에도 나타나 있듯이 사실은 목양견을 목적으로 키워졌다. 바닷바람이 세차고 추운 황량한 섬에서 목초가 잘 자라지 않기 때문에 소나 양들이 소형이며, 그에 맞춰 목양견도 소형화되었다고 한다. 19세기 말경 영국에 소개되었으며 20세기부터는 본격적인 개량이 시작되었고 많은 인기를 얻을 수 있었다.

소형화된 콜리와 같은 외형을 가지고 있는데 풍성한 털과 무늬의 배합은 특유의 매력적인 외모를 만들어 준다. 작지만 강인하고 단단하며, 체력이 좋은 편이다. 쐐기 모양의 머리와 반쯤 서 있는 귀, 아몬드형의 눈에 가슴의 장식 털까지도 콜리와 흡사하다.

아이들과 놀기를 좋아하는데, 귀찮게 하는 것은 싫어하며, 또한 사람을 귀찮게 하지도 않는다. 매우 얌전하며 내향적인 성격으로 주인의 말을 잘 알아듣고 훈련 능력이 뛰어나 길들이기를 잘 하면 훌륭한 가정견이 될 수 있다.

콜리보다 활발한 반면 자기의 욕구를 잘 드러내지 않는 내성적인 면도 있다. 셰틀랜드 쉽독은 헛짖음이 많은 편이므로 강아지 때부터 엄격한 훈련을 시켜 두는 것이 좋다. 목양견은 주로 짖으면서 양 떼를 몰고 경계성도 강한데, 이러한 성향이 여전히 유지되어 헛짖음이 문제가 될 수 있다.

콜리와 같은 모양을 좋아하지만 보다 작은 개를 원하는 사람에게 적격이며, 아름다운 털을 가진 영리한 개를 좋아하는 사람에게 좋다. 하지만 주택가가 밀집해 있는 지역에서는 헛짖음으로 이웃과 마찰이 생길 수 있으므로 다른 견종을 찾는 것이 좋다.

39. 웰쉬코기

원산지	영국
키	25~30.5cm
몸무게	13kg 정도
그룹	허딩

코기라는 이름의 유래는 켈트어로 개(corgi)란 뜻에서 찾을 수 있다. 다른 유래는 자손들의 입을 통하여 전해져 왔는데, 작은 개란 작다는 뜻의 'cor'와 개란 뜻의 'gi' 혹은 망을 보다란 뜻의 'cur'에서 비롯된 것이란 설이 있다. 다리가 짧은 가축몰이 개로서 가축들의 다리 사이로 달릴 수 있게 개발되었고, 가축들의 뒷발에 차이는 위험을 피할 수 있었다.

영국 엘리자베스 여왕은 18세 때 아버지 조지 4세에게 선물받은 코기가 마음에 들어 귀여워하였으며, 코기는 그 이래 대대로 왕실에서 길러진 것으로도 유명하다.

웰쉬코기에는 두 종류가 있는데, 꼬리가 긴 카디건 웰쉬코기와 꼬리가 없거나 극히 짧은 팸프록 웰쉬코기가 있다. 다리가 짧아 낮지만 단단한 몸과 다리는 상당히 빠른 속도를 낼 수 있다. 끝이 둥그스름하고 쫑긋 선 커다란 귀와 초롱초롱한 눈은 영리한 표정을 만들어 낸다. 눈은 아몬드형으로 둥글며 눈빛은 어두운 것이 좋다. 털이 너무 긴 것을 피하는 것이 좋다. 체취가 있으므로 집에서 기를 경우에는 샴푸를 자주 해주는 것이 좋다.

코기를 키우는 사람들은 웬만하면 불평불만을 하는 일이 적다. 느긋하게 있다가도 뭔가 필요성을 느끼면 기민하게 움직이는 모습을 보여주며, 애정이 풍부하여 아이들과 잘 놀아 주고, 가르치는 것을 쉽게 배운다. 헛짖음도 적고 무는 성질도 낮으며, 짧은 다리지만 의욕이 매우 좋아 원반 물어오기를 시켜도 기뻐하며 해낸다. 자기의 세력권 안에서 벌어지는 일에 대해서는 많은 신경을 쓰는 성격으로 반려견으로도 가능하다.

실내견으로 크기가 부담스러운 정도도 아니고 실외에서 같이 운동을 하기에도 좋다. 성격적으로 좀처럼 단점을 찾기 어려울 정도로 훌륭하다.

다정다감하면서 훈련성이 좋고 실내외에서 함께 부담 없이 생활하기를 원하는 사람에게 적합하다.

40. 저먼 셰퍼드

원산지	독일
키	55~65cm
몸무게	34~44kg
그룹	허딩

독일인은 무엇이든 철저한 기능을 추구하는 국민성이 있는데, 저먼 셰퍼드를 보면 그러한 성향을 엿볼 수 있다. 19세기 초 독일은 육군 기병대 소속의 슈테파니츠를 중심으로 목양견으로 활약하던 개들을 계획적으로 개량하여 다목적으로 활용할 수 있는 저먼 셰퍼드라는 걸출한 명작을 만들어 냈다. 제1차 세계대전 당시 조국 독일을 위해 군용견으로 뛰어난 활약을 보이자 전쟁이 끝난 후 연합군 귀환병들에 의해 다른 나라에 알려지기 시작했으며, 제2차 세계대전에는 연합군을 위해 조국인 독일에 이를 드러냈던 아이러니한 개이기도 하다.

개 얘기를 할 때마다 빠지지 않고 나올 정도로 유명한 개이다. 이 개의 능력, 활약하는 분야, 잘생긴 외모, K-9 등의 영화에 등장한 횟수, 실제 무용담 등 전 분야에 걸쳐 개로서 완벽에 가까운 능력을 가지고 있다.

저먼 셰퍼드는 믿음직스러운 크기의 몸집에 튼튼하고 민첩하며 좋은 근육을 가지고 있으며, 무게중심이 낮아 안정된 느낌을 준다. 귀는 쫑긋 서서 예민하게 움직이고, 짙은 색깔의 영리함을 느낄 수 있는 눈과 잘 빠진 주둥이는 위엄을 느낄 수 있다. 튼튼한 다리에 군도를 연상하게 하는 꼬리는 안정감을 준다. 옥외에서 기르는 것이 기본이며, 대단히 정력적인 개이므로 매일 아침저녁으로 운동을 시켜 주는 것이 좋다.

머리가 좋고, 충성심이 강하고, 대담한 용기가 있고, 애정이 많으며, 책임감이 강한 이 개는 거의 만능이라고 말해도 결코 허언이 아니다. 뛰어난 적응력이 있어 주인이 바뀌어도 바로 적응하는 능력 때문에 여러 가지 용도에서 훌륭하게 역할을 해낼 수 있다. 주인을 위해서라면 기꺼이 자신을 희생하는 충성심을 가지고 있다. 다만 훈련이 없는 셰퍼드는 셰퍼드가 아니라는 말을 할 정도로 사람에 따라 변화의 폭이 큰 개다. 혈통에 따른 차이도 제법 크므로 분양 시에 쇼와 훈련 중 어느 쪽에 치중된 혈통인지 확인해야 한다.

만능의 개이므로 개와의 신뢰 관계를 소중히 여기고, 자신을 위한 확실한 분야에 사용하고자 하는 사람에게 좋다. 하지만 가르치는 것에 자신이 없거나 게으르다면 처음부터 다른 개를 찾아보는 것이 좋다.

41. 콜리

원산지	영국
키	50~60cm
몸무게	20~30kg
그룹	허딩

이 견종은 초기에 스코틀랜드의 목양견으로 명성이 높았다. 콜리의 종류는 보더 콜리, 비어디드 콜리, 러프 콜리 등이 있는데 현재의 견종은 털이 긴 러프 콜리를 기본형으로 하여 20세기 후반부터 개량되었다. 특히 1860년경 빅토리아 여왕이 스코틀랜드 방문 시 콜리가 마음에 들어 윈저성으로 가지고 돌아온 것이 콜리의 인기를 높이게 된 계기이다. 하지만 세계적인 인기가 된 계기는 말할 필요도 없이 「명견 래시」라는 영화가 만들어지고부터이다. 그 영화는 일부 목양견용으로 길러지던 콜리를 세계의 가정으로 끌어들이는 역할을 했다.

얼굴은 쐐기형으로 매끄럽고 길며, 긴 털이 우아한데 특히 목과 가슴, 꼬리의 장식 털은 우아한 기품을 한층 고조시킨다. 색상은 크게 네 가지로 구분되는데, 모두 색상이 잘 조화되어 귀족적인 기품을 만들고 있다. 귀는 반쯤 서 있고, 눈은 작은듯 하면서도 영리함이 보이고, 걸음걸이도 꽤 우아하다.

콜리는 책임감이 강하고 우호적이며, 명랑하고 활동적이다. 목양견답게 주인에게 봉사하는 경향이 강하고 아이들에게도 상냥하다.

그러나 행동반경이 매우 넓어 자칫하면 미아가 되기 쉽다. 자기 세력권 안에서는 타인을 경계하지만 일단 밖으로 나가면 아무나 따르는 경향도 있어 다른 사람의 손에 잡혀 집으로 돌아오지 못하는 일도 많다. 주인에게 가까이 있으면서 응석을 떠는 타입도 아니며, 헛짖음이 심하지도 않다. 칭찬을 해주면 반복해서 서비스를 해주지만 혼이 나면 쉽게 주눅이 드는 내성적인 면도 있다.

가급적 개와 오랜 시간을 생활하며 자신의 생활에 맞추도록 적응시킬 줄 아는 사람에게 적합하며, 개의 습성을 잘 모르는 초보자는 피하는 게 좋다.

42. 말티즈

원산지	이탈리아
키	26cm 이하
몸무게	2~3kg
그룹	토이

이탈리아 남부 해안 근방의 말타섬은 기원전 1000년경 페니키아인들의 식민통치를 받았다. 페니키아인들은 당시에 알려져 있던 모든 세계 곳곳을 돌며 항해하고 무역해 왔으므로, 이 작고 흰 개들은 페니키아인들에 의해 이 지역으로 유입되었거나 다른 지역으로도 파급되었을 것으로 추측된다. 이 개는 처음부터 애완견으로 길러졌으며, 항해의 고독함을 달래주는 선원의 애완견으로서 또는 여성들의 사랑을 받는 개들로서 각지로 퍼졌고, 이윽고 그리스, 이집트의 부유 계층에까지 퍼져 나갔다. 기원후 1세기 말타의 로마 집정관은 자신이 소유한 말티즈를 너무나도 사랑하여 이 개의 초상화를 그리고 이 개를 위한 시를 짓도록 요청했다고 한다. 말티즈 종은 수 세기 동안 애완견으로서 꾸준히 사랑을 받아 왔다. 말타섬이 영국의 지배로 넘어갈 때 말티즈는 영국의 왕실에 헌상되어 귀족 계급의 품안에서 부유하게 사는 애완용 개의 대표격이 되었다. 영국의 빅토리아 여왕 또한 말티즈를 사랑했던 사람이다.

아름다운 백색의 말티즈 최고의 애완견으로 세련되고 충실한 개이다. 고풍스럽게 늘어진 하얀 털의 귀에 세 개의 흑진주라고 표현되는 검은 눈과 코는 대조적인 앙상블을 이룬다. 꼬리에도 장식털이 있어 등 위에 얹혀 있으면서 풍성한 느낌을 더해준다. 순백의 긴 털을 나풀거리며 경쾌하게 걷는 모습은 사랑의 감정을 저절로 불러일으킨다. 눈같이 희고 부드러운 털은 밑털이 없어 털갈이를 집중적으로 하지 않지만 털이 엉키지 않게 하기 위해서는 자주 빗어주어야 한다.

말티즈는 누구에게나 잘 따르며 사육주에게 달라붙어 지치지 않고 애교를 부린다. 수천 년 동안 여성의 품 안에서 살아온 개이므로 애정이 많고, 질투도 많다. 대소변 가리기에도 문제가 별로 없고 털 빠짐도 많지 않아 실내견으로서 인기를 누리는 것은 당연하다. 그러나 신경질적이고 침착하지 못하며 사소한 일에도 흥분하는 경향도 가지고 있다. 또한 아이들을 자신의 라이벌로 생각 하고 대드는 경향이 있으니 서열 정하기 훈련에 신경을 써야 된다. 또한 많이 짖는 편이므로 어릴 때부터 단호하게 교육을 해야 한다.

순백색의 아름다운 개를 안고 사랑스러운 애교를 보고 싶은 사람들에게 특히 좋다. 하지만 부지런히 미장원을 데리고 가거나 직접 털 손질을 하는 것을 귀찮아하는 사람은 고민해 볼 필요가 있다.

43. 시츄

원산지	티베트
키	22~27cm
몸무게	5.4~6.8kg
그룹	토이

시츄의 뿌리는 티베트이나, 이 견종의 완성은 중국에서 이루어졌다. 라사(Lhasa)가 좀 작아진 티베탄 테리어(Tibetan Terrier)라면 시츄는 라사압소로부터 더욱 작아지고 부드러워진 개라고 할 수 있다. 이는 '사자구(獅子狗)'라는 뜻으로 라사압소가 티베트에서 불린 이름과 같다. 시츄는 티베트인들이 중국 황제에게 진상한 매력적인 작은 개들 중 수 세기 동안 더 짧은 다리와 짧은 얼굴의 종들이 선별되고, 토속견들과 섞여서 그 결과로 지금의 모습으로 된 것이다. 그 개들은 중국 궁중의 화려함 속에서 살았고, 사랑스런 친구로 길러졌다. 이 개들은 1930년대에 영국으로 들어갔고, 1969년도에 미국에서 공인되었다.

이 견종은 작은 몸이 약간 긴 편이지만 움직임은 부드럽고 활기차다. 짧은 얼굴은 코믹함과 특이함을 함께 가지고 있으며 흰색과 갈색 등이 어우러진 아름답고 흐르는 듯한 털은 우아한 기품을 만들어 낸다. 동양인들에 의해 국화송이(Chrysan themum)라고 표현되는 모습은 짧은 코에서부터 나와 위쪽으로 자라는 털에 의해서이다. 어느 협회의 표준에는 '사자의 머리, 곰의 몸체, 낙타 발굽, 먼지털이와 같은 꼬리, 야자수 잎 같은 귀, 쌀알 같은 치아, 꽃잎 같은 혀, 금붕어 같은 동작'으로 묘사되고 있다.

강아지를 고를 때에는 양 눈 사이가 멀리 떨어져 있는 것이 좋다. 털 길이에 비해 털은 많이 빠지지 않으며 체취도 많이 나지 않으므로 가정견으로 이상적이다.

자랑스러운 듯이 꼬리를 세우고 생기발랄한 표정으로 자유분방하게 돌아다니는 모습은 우울한 사람이 보더라도 웃음을 짓게 한다. 감정이 풍부한 편이어서 애교도 많고 아이들과도 잘 어울릴 수 있다. 반면에 자존심이 강한 편이어서 주인이 난폭하게 대하거나 화를 내면 이에 대한 반응이 매우 빠르다. 주인의 말이라도 납득이 가지 않는 경우에는 따르지 않는 고집도 있다. 짖는 소리는 큰 편이지만 헛짖음도 없고 놀기를 좋아하며, 특유의 애교가 있다. 외로움을 많이 타지 않아 혼자 시간을 보내는 것에 우울해하지 않는다.

누구에게나 잘 어울리지만 특히 가족이 많지 않은 가정에도 적합하다. 털 손질을 귀찮아하지 않는 사람에게 좋다.

44. 요크셔테리어

원산지	영국
키	23cm
몸무게	3.5kg
그룹	토이

1850년경 영국 요크셔 지방은 산업혁명이 일어나면서 직물공업이 왕성해져 각지로부터 많은 직공들이 돈을 벌기 위해서 들어왔는데, 그때 직공들이 데리고 온 스카이테리어, 블랙앤 탄 테리어 등을 교배시켜 쥐를 잡는 개로 만들어진 것이 요크셔테리어라고 한다. 처음의 요크셔테리어는 지금보다 큰 몸집이었으나 화려한 털빛을 가진 것들을 선발하여 더욱 소형화시킨 것이 귀족들의 애완견으로 유행되면서 지금에 이르고 있다.

'움직이는 보석'이라고 불리는 요크셔테리어는 명주실 같은 아름다운 긴 털로 온몸이 덮여있고, 균형이 잡힌 체형으로 실제보다 크게 보인다. 작은 머리에 동그랗고 큰 눈과 쫑긋 선 작은 귀가 귀여운 모습을 연출하며 꼬리는 적당한 길이로 자른다. 어릴 때는 가급적 짙은 색깔의 강아지를 고르는 것이 좋으며 갈색이 많은 것은 좋지 않다. 또한 어릴 때부터 머리가 큰 것을 고르면 크기가 다른 개보다 클 수 있음을 주의해야 한다. 털은 하루에 한 번 정도는 손질해 주어야 하며, 외이염이나 피부병이 있는지의 여부도 자주 살펴보는 것이 좋다.

쥐잡이 개로 활약했던 만큼 활발한 성격에 생기가 넘친다. 응석을 잘 부리므로 주인이 응석을 받아주지 않으면 심술 맞은 장난을 한다. 또한 자립심이 강하고 낯가림이 심해 사람을 차별하는 것이 역력하며 다른 사람을 좀처럼 따르지 않는 편이다. 어릴 때부터 낯가림을 완화시키지 않으면 지나가는 사람마다 보고 신경질적으로 짖는 개가 되기 쉽다. 사소한 일에도 흥분하기 쉬우며 훈련성이 뛰어난 편은 아니다. 종종 어린이들에게 달려들어 무는 경우도 있다.

다소 신경질적인 성격이라도 아름다운 털에 매력을 느끼는 사람이라면 적합하다. 다만 어릴 때부터 사회성을 길러주는 노력이 필요하고 털 손질을 귀찮아하지 말아야 한다.

45. 치와와

원산지	멕시코
키	16~22cm
몸무게	3kg 이하
그룹	토이

9세기 멕시코 인디언의 톨텍족이 기르고 있던 테치치라는 소형의 개가 근원이 되었다고 하는 세계에서 가장 작은 개가 치와와다. 이 견종은 세계에서 제일 작지만 자기가 가장 큰 줄로 아는 재미있는 견종이다. 테치치는 신성한 동물로서 사자와 함께 매장되는 등 종교의식에 사용되었다는 설과 식용으로 사용되었다는 설이 있다. 이 테치치는 원래 소형으로 지금도 멕시코에서 기르고 있지만 이 개를 현재와 같이 최소형으로 개량한 것은 미국인에 의해서였다. 이 작은 개는 멕시코의 치와와 주(州)의 이름에서 그 명칭이 유래된 것으로 보이며 1985년경부터 미국에서 인기를 얻기 시작하여 곧 미국 애완견 상위 선호도 20위권 내에 이 개의 이름이 나타나게 되었다. 털이 긴 품종은 미국에서 생산된 것으로 보이며, 빠삐용이나 포메라니안 등과 치와와를 교배한 결과 생겨난 것으로 추정된다.

치와와는 마치 사과와 같이 둥근 머리에 쫑긋 선 귀와 영리해 보이는 눈이 매력적이며, 키도 15cm 내외로 그야말로 앙증맞고 귀엽다. 꼬리는 위로 뻗거나 등에 접해 있으며, 털은 짧은 것과 긴 것이 있다.

크기가 작기 때문에 아파트 등에서 키우기에 적합하며 노년층에게도 인기가 많다. 애교가 많고 품위가 있으며, 커다란 귀는 기민해 보이는 외모를 더욱 강조해 준다. 450g에 이르는 것도 있을 만큼 작은 크기 때문에 관리에도 신경을 기울여야 한다. 머리 중앙에는 뼈가 없이 부드러운 부위가 있는 것도 많으며, 어릴 때는 머리가 특히 무거워 밥을 먹으려고 머리를 숙이면 뒷다리가 들리는 코믹한 상황을 연출하기도 한다. 다만 지나치게 작은 강아지는 건강하게 성장할지 알기 어렵기 때문에 피하는 것이 좋다.

또한 몸에서 냄새가 조금 나는 경향이 있어서 자주 목욕을 시키는 것이 좋다. 귀엽고 기민하며 재빠르게 움직이는 작은 개이지만 테리어나 스파니엘 종류에 비하면 장난이 심하거나 활동성이 높지는 않다. 쾌활한 표정에 다부지며, 테리어 같은 기질을 지녔다. 놀이나 장난을 좋아하지 않지만 질투심이 강해 주인을 독점하기를 바라며 다른 개와 상대할 경우에도 절대 지지 않으려는 성향이 강하다. 심지어는 자기 주인의 아기에게도 질투심이 강하기 때문에 주인이 아기를 안을 때 물려는 행동을 보이기도 한다. 질투심이 많으면서도 자립심이 강해 주인이 많은 시간을 들이지 않아도 좋다.

평소 개를 귀여워 해주다가도 귀찮을 때는 자기 할 일을 하는 자기중심적인 사람에게도 적합하다. 또한 개를 기르고 싶은데 산책이나 털 손질 등에 시간을 빼앗기고 싶지 않은 사람도 좋다. 개를 길러본 경험이 적은 사람도 무방하며 노인에게도 적합하다. 다만 성미가 급해서 야단을 자주 치는 스타일의 사람에게는 어울리지 않는다.

46. 퍼그

원산지	중국
키	25~28cm
몸무게	6~8.5kg
그룹	토이

얼굴에 주름이 많은 퍼그는 중국에 예로부터 있었던 애완견으로 페키니즈의 사촌 정도 되는 견종으로 여겨진다. 극동 지역을 비롯해 세계 여러 나라와 무역을 하던 네덜란드 동인도 회사의 한 선원이 네덜란드로 건너가서 윌리엄 국왕에게 진상한 퍼그는 행운을 안겨주는 동물이라는 믿음으로 총애를 받았고, 종교적인 갈등으로 네덜란드의 제임스 2세가 왕위에서 쫓겨나자 네덜란드 사람들과 함께 영국으로 망명하였다. 그 후 유럽 전역에 퍼지기 시작한 퍼그는 특유의 코믹한 외모와 행동으로 많은 사람들로부터 사랑을 받았다. 고양이 공포증이 있는 나폴레옹이 그의 처인 조세핀이 데리고 온 퍼그를 고양이로 착각해서 밖으로 던져 버렸다는 일화도 있다.

퍼그와 같은 방에서 자려면 코고는 소리에 익숙해져야 한다고 익살스럽게 쓰인 책에서 '코를 골며 자는 왕자'로 표현할 만큼 코믹함이 있어 많은 사람들에게 호감을 주었다. 최초의 퍼그종은 지금보다 더 컸었을 것이며, 아펜핀셔와 잉글리쉬 불독과 같은 얼굴이 움푹 들어간 유럽의 여러 견종에게 영향을 끼쳤을 것으로 추측된다. 머리 모양이 주먹과 비슷하여 라틴어의 '파그나스(주먹)'에서 그 이름이 유래했다는 설도 있다.

퍼그는 마스티프를 축소해 놓은 듯한 몸집에 주둥이는 찌부러진 듯 짧고 이마에 주름살이 잡혀 난처한 듯한 표정을 짓고 있다. 멀리 떨어진 양 눈은 부리부리하고 작은 귀는 늘어져 있고, 목은 짧고 굵으며 몸은 근육이 발달했지만 땅딸 맞다. 꼬리는 허리 위에 달라붙은 듯 말려 있다.

특히 덩치가 큰 견종의 특성을 가진 작은 개를 원하는 사람들이 좋아할 만한 요소들을 가지고 있는 견종이다. 퍼그는 온도 변화에 대한 적응력이 약한 편이고 특히 더위에 약해 열사병을 주의해야 하고 먹는 것을 좋아하므로 비만해지지 않도록 주의해야 한다. 또한 털 빠짐이 많으므로 잦은 방청소는 감안을 해야 하며 여름에는 주름이

진 부분을 자주 닦아주어 피부병을 예방하는 것이 좋다.

애견가들은 퍼그의 느긋한 기질과 주인에 대한 애정을 강조한다. 다양한 표정으로 사려 깊고 애교스러우면서도 개성이 강해서 다소 까다로운 편이라고 할 수 있다. 가장 돋보이는 퍼그의 성격은 서두르지 않는 성미에 다정다감하다는 것이다. 또한 퍼그는 '애견 중의 삐에로'라고 불릴 정도로 사람 웃기는 짓을 무척 좋아한다. 기쁠 때는 토실토실한 꼬리가 떨어져 나가라고 흔들지만 어떤 일이 마음에 들지 않으면 길을 가다가도 주저앉아 버리고 토라져서 먹이를 입에 대지 않을 정도로 감정 표현이 확실하다. 헛짖음도 별로 하지 않고 무턱대고 사람을 무는 경우도 적다.

사육주에게 응석을 떨어주거나 웃겨주는 개를 구한다면 퍼그가 제일이다. 다른 소형견에는 없는 침착함도 매력 중 하나이다. 하지만 비만 관리에는 신경을 많이 써주어야 하며, 피부병도 걸리기 쉬우므로 몸 손질을 자주 해주어야 한다.

47. 페키니즈

원산지	중국
키	20cm
몸무게	2.5~6kg
그룹	토이

페키니즈는 티베트의 라사압소의 후손이라는 추측이 많으며, 퍼그와 같이 단두형을 가진 개가 축소된 것이라는 설도 있다. 예로부터 이 개는 라사압소와 같이 '무서운' 사자 같은 모습으로 악귀를 물리쳐 줄 것이라고 믿어 왔다. 또한 금빛 털을 갖고 있어서 태양의 개로 불렸으며 중국 황실의 사랑을 받았다. 궁궐 여기저기에 수천 마리의 페키니즈들이 살았고, 이를 관리하기 위해 4,000여 명의 환관과 시녀들은 마치 귀족을 보필하듯 이 궁궐의 개들을 돌봐야 했다. 왕이 행사에 입장할 때는 훈련된 두 마리의 페키니즈가 날카롭게 짖어서 왕이 나타났음을 알리고, 다른 두 마리는 왕의 뒤를 우아하게 쫓아온다. 궁중에서 사랑받는 이 개들을 일반 백성이 키우는 것은 상상할 수 없는 일이었으며, 백성이 굶고 있을 때에도 이 개들은 상어 지느러미 요리를 먹으면서 호사스러운 생활을 할 수 있었다.

1860년 영국인들이 베이징을 침략했을 때 중국의 왕족들은 외국인들의 손에 이 개가 넘어가지 않도록 모든 페키니즈 종을 죽이라는 명령을 내렸다. 그럼에도 불구하고 영국 군인들이 청나라 왕의 숙모를 죽일 때 그녀의 품속에서 살아 있는 4마리의 페키니즈를 발견했다. 이 작은 개들은 곧 영국으로 보내져 그중 한 마리는 빅토리아 여왕에게 바쳐졌다. 그 후에도 페키니즈는 부귀영화를 타고난 운명을 가진 것처럼 살았고, 여왕이 마도요의 간, 메추라기의 가슴살, 영양가가 많은 우유나 차, 바다제비 집으로 끓인 스프를 먹여야 한다고 명령했을 정도이다.

페키니즈는 이후에 전 세계적으로 퍼져 나갔으며 모든 애견 관련 협회로부터 공인되었다. 페키니즈는 외견상 다소 특이한 특징을 갖고 있는데, 이 점은 모든 사람들에게 공통적으로 호감을 받을 수 있는 모습이 아닐 수 있다. 즉 주둥이가 너무 짧아서 코는 양쪽 눈 사이에 있고 크게 귀는 늘어진 상태에서 장식 털로 머리가 더욱 널찍해 보이도록 하며 활짝 웃는 듯한 입과 매우 납작한 얼굴을 갖고 있다. 이 같은 외견상의 독특한 특징 때문에 그들은 덥고 축축한 날씨에는 고생을 한다. 이 개의 눈은 돌출되어 있어 다치기가 쉽다. 머리는 넓고 납작하며 상당히 살이 찐 어깨와 가슴, 짧은 목을 갖고 있으며 앞다리는 짧고 구부정한 자세가 되도록 휘어져 있다. 긴 몸체, 짧은 체장 그리고 다소 좁은 엉덩이 때문에 데굴데굴 구르듯 움직인다. 코는 검은 것이 좋고 살색인 것은 피하며 얼굴 전체가 검은 편이 좋다.

추위에는 강하지만 더위에 약하며, 매일 털을 손질해 주는 것이 좋다. 페키니즈는 매사에 자신감을 지니고 있으며, 아주 강한 독립심도 갖고 있다. 그들은 무엇에도 겁내지 않고 공격적이지도 않다. 또한 그들은 자신의 주인에게 편안함을 안겨 주는 것을 사명으로 생각하는 것처럼 보인다. 장난을 치지도 않으며 놀이에 큰 흥미를 보이지도 않는다. 또한 훈련성이 높은 것도 아니며, 마음에 내키지 않는 일을 시키면 외면해 버린다. 자기중심으로 세상을 움직이고 있다는 기색으로 뭐든지 자기가 결정하고 행동한다. 그렇지만 주인에게 다른 개가 안기는 것도 잘 용납하지 않을 정도로 애착을 가지고 있다.

개의 성격을 존중해 주고 자기 멋대로 결정을 해도 받아줄 수 있는 사람에게 적합하다. 주인에게 아양을 떨고 충성을 다하는 개를 원한다면 다른 개를 찾는 것이 좋다.

48. 포메라니안

원산지	영국
키	28cm 이하
몸무게	3.5~6kg
그룹	토이

현재는 폴란드에 속해 있는 지역인 과거 독일의 포메라니안 지방의 목양 스피츠견에서 이 견종의 역사가 시작되었다. 독일에서 영국으로 이 견종이 처음 건너갔을 때는 몸집이 더 크고 주로 흰색 털이 났으며, 지금의 포메라니안보다 털이 덜 풍부하였다. 포메라니안은 1870년까지도 그다지 유명한 견종은 아니었다. 그러다가 1888년 빅토리아 여왕이 플로렌스 지방과 이태리에서 영국으로 돌아올 때 조그마한 솜털공 같은 이 견종을 데리고 돌아온 후 매우 사랑하고 아꼈으며 보급에도 적극적으로 힘을 썼다. 1901년 빅토리아 여왕이 죽었을 때에는 '투리'라는 이름의 포메라니안이 여왕의 곁에 누워 있었다. 영국의 개량가들은 포메라니안을 좀 더 작고 털이 풍부한 견종으로 개량하였다. 비록 이 견종의 이름은 고국인 독일의 지방 이름에서 유래되었지만, 실질적으로는 영국에서 형태적으로 완성된 견종으로 현재와 같은 모습으로 개량되었다는 것이 정확한 표현일 것이다. 그 후 포메라니안은 한 세기가 저물 무렵 북미에 소개되었고, 마찬가지로 순식간에 많은 관심을 끌었다.

전 세계적으로 포메라니안은 사랑스러운 개이며, 비록 몸은 작지만 지금도 스피츠의 기질을 유지하고 있다. 쫑긋 서있는 귀와 빛나는 눈에는 총기가 넘치고 너구리와 같은 얼굴은 귀염성이 있으며 풍부한 털과 당당한 자태는 마치 도도한 공작부인을 보는 듯한 느낌을 들게 한다. 꼬리는 등에 얹혀져 풍성한 꼬리털이 가미되어 몸 전체가 풍성한 솜사탕처럼 보이게 한다. 털갈이 시기에는 집중적으로 많이 빠지므로 잦은 청소가 필요하며 털은 가급적 매일 손질해 주는 것이 좋다.

또한 포메라니안은 재빠르고 활발하며, 자신보다 큰 개에 대해 호기심이 많다. 그리고 훈련 성능이 뛰어나지는 않지만 주인의 말에 주의를 집중하며 고개를 갸우뚱거리는 모습은 훌륭한 학생같은 느낌을 준다. 이 견종은 쇼장이나 거리를 '도도하게 점잔을 빼며 걷는 것'을 무척 좋아한다. 생기발랄하고 많이 짖는 개로 유명해 번견으로서도 적격이며, 아이들보다 어른들에게 어울리며 강아지 때부터 주인에 대한 복종 훈련을 시켜야 한다. 무엇에든 깊이 관여하고 참견하기를 좋아하고 작은 소리에도 민감하게 반응하며 어수선을 떨기도 한다. 마음에 들지 않는 일에는 당장 토라져서 신경질을 내는데 애교 수준으로 받아줄 정도이다.

쾌활하고 까불거리는 개와 함께 있고 싶은 사람, 자신의 일에 항상 관심을 가져주는 개를 좋아하는 사람에게 적합하며 털 손질을 해주는 것을 귀찮아하지 말아야 한다.

49. 푸들

원산지	프랑스
키	스탠다드 : 38cm 이상 미니어처 : 25~38cm 토이 : 25cm 이하
몸무게	스탠다드 : 30kg 내외 미니어처 : 6~7kg 토이 : 2~3kg
그룹	토이

푸들의 확실한 기원이나 원산지에 대한 것은 독일인지 프랑스인지 아직도 논쟁 대상이지만 오래전부터 물에 익숙한 개(water dog)로 알려져 왔다. 16세기경부터는 독일의 조렵견으로서 '푸델(pudel)'이라는 지금과 다른 '물이 튄다'라는 뜻의 이름이 붙여지면서 정착되었고, 그 후 프랑스에 반입된 것은 독일군에 의해서라는 설도 있다. 푸들이 조렵견으로 활약할 당시에는 현재의 토이 푸들보다 체중이 두 배 가까이 나가는 스탠다드 푸들이었으나 프랑스로 반입되었던 16세기에는 이보다 작은 미니어처 푸들이 개량되었고, 18세기에는 현재와 같은 토이 푸들의 개량에 성공하여 유럽 각국의 왕족에게 많은 사랑을 받았으며 프랑스의 국견이 되기도 하였다.

원래는 온몸에 털이 많은 견종이지만 물에 뛰어들어 새를 운반해 오는 역할을 하는 이 개는 몸 전체에 털이 남으면 헤엄을 치는 데 어려움이 있으므로 찬물에 뛰어들어도 심장이나 관절을 보호할 수 있도록 부분적으로 털을 남기는 것에서부터 지금의 특이한 털 모양의 미용이 유래하였다고 한다. 푸들의 총명함은 많은 이들을 매료시켰으며, 뛰어난 훈련능력으로 서커스용 개로도 가장 많은 사랑을 받았고, 베토벤은 자신의 애견인 푸들이 죽었을 때 그 죽음을 애도하여 '엘레지'를 작곡하였을 정도이다.

애완견으로서는 단단한 체형에 좋은 운동 성능을 유지하고 있어 매우 귀족적인 멋을 나타내며 자신 있는 동작을 보인다. 주둥이는 좁은 편이지만 머리는 둥글고 귀는 길게 늘어졌으며, 옆에서 보면 체고와 체장이 비슷하여 정사각형에 가까운 외형을 지니고 전반적으로 균형이 좋고 당당하다. 전통적인 형태로 독특하게 손질된 외모는 푸들만이 가질 수 있는 품위가 되었다. 털은 단색이면 허용되며, 푸른색, 회색, 실버, 브라운, 카페오레 애프리코트, 크림색의 모색에서는 명암이 조금 달라도 상관은 없다. 귀가 늘어져 있어 외이염에 걸리기 쉬우므로 자주 신경을 써주어야 한다.

푸들은 세 가지의 크기에 상관없이 매우 똑똑한 개이다. 예전에는 푸들을 이용한 연극을 공연할 정도로 훈련성이 매우 탁월하다. 자진해서 배우려는 성향이 있어 훈련에 경험이 없는 사람이 가르쳐도 눈에 띄는 성과를 얻을 수 있을 정도이다. 또한 사람을 매우 잘 따르며 명랑한 성격으로 주위의 사람을 즐겁게 해준다. 그러나 사이즈에 따라 성격이 약간 다른데, 사람을 따르는 점에서는 미니어처가 제일이며, 토이, 스탠다드 순으로 낮아진다. 무는 성질은 토이가 높고, 스탠다드가 낮으며, 미니어처가 중간이고, 헛짖음은 토이와 미니어처가 꽤 높고 스탠다드가 비교적 낮다.

부지런히 털을 손질할 수 있으면서 영리하고 말을 잘 알아듣는 우등생을 키우고 싶어 하는 사람들에게 적합하다.

50. 진도견

원산지	대한민국
키	수: 48~53cm, 암: 45~50cm
몸무게	20~22kg
그룹	한국 토종견

진도견은 1938년 천연기념물 제53호로 지정되어 보호를 받다가 1962년 문화재보호법에 의해 다시 천연기념물로 지정되었다. 진도견은 타 견종과는 달리 강한 야성과 함께 특유의 영민성을 지니고 있어 많은 사람들의 사랑을 받고 있다. 진도견의 유래는 정확히 알 수 없지만, 북방 계통의 개가 한반도에 유입되면서 그 이전부터 한반도에 있던 동남아시아 계통의 개와 혼합되어 형성된 것으로 추정된다. 그 후 섬 지역을 제외한 한반도의 개들은 지속적인 교역과 사냥개의 교환 등으로 형태가 다양화되었으나, 진도는 섬이라는 지리적 여건 때문에 비교적 오래전 개의 형질이 남아 있던 것으로 생각된다.

진도견의 얼굴은 야성미와 세련미와 소박미가 고루 조화되어 있다. 둥근 이마에서 주둥이로 연결되는 선은 자연스럽고 주둥이는 두개골과 조화를 이루며 입술은 늘어지지 않는다. 눈은 작은 대추씨 모양에 바깥쪽 눈 끝이 약간 경사져 올라가며 눈동자는 짙은 적갈색이 바람직하다. 코는 검어야 하나 백구는 담홍색도 인정한다. 귀는 얼굴과 조화를 이루는 크기로 서 있으면서 앞으로 숙여진 듯 보인다. 가슴은 앞에서 볼 때 계란을 거꾸로 세워 놓은 모양이며, 등과 허리는 단단하고 강한 힘이 느껴진다. 다리는 힘차게 지면을 디디며 옆에서 볼 때 일직선으로 보이면 좋지 않고 각 관절마다 연결 각도의 구분이 느껴지는 것이 좋다. 발은 타원형으로 두툼하고 힘차게 조여져 있다. 꼬리는 몸체의 중앙으로 서거나 말려 있다. 속 털은 밀생하고 겉 털은 곧추서 야성적인 느낌이다. 진도견은 황구, 백구가 주류를 이루며 네눈박이(블랙탄), 재구(회색), 호구(호랑이 무늬)도 있다.

영리하고 아무 곳에나 대소변을 보지 않는 청결성, 귀소본능이 강하다. 또한 주인에게 충성스럽고 낯선 사람을 경계하는 성향이 있다. 수렵에 대한 의욕이 강하여 노루, 고라니, 오소리 사냥에 이용되기도 하며, 멧돼지 사냥을 보조하기도 한다.

진도견은 수많은 일화를 가지고 있다. 그중 1993년 대전으로 팔려간 백구가 자신을 키워 준 진도의 박복단 할머니를 잊지 못하고 약 7개월 만에 300㎞가 넘는 거리를 달려와 뼈와 가죽만 남은 모습으로 그리던 주인의 품에 안긴 일화는 너무도 유명하다. 그 후 주인의 품에서 14살의 나이로 죽은 백구는 2004년 11월 진도군 의신면 돈지리에 주인의 모습과 함께 동상으로 남겨졌다.

2002년 8월에는 진도군 의신면 옥대리에서 혼자 살던 고 박완수씨가 지병인 간경화로 숨지자 평소에 친자식처럼 키웠던 진돗개가 주인 곁을 지키며 시신을 운구하려던 사람들에게 사납게 짖고 달려드는 바람에 운구작업이 세 시간이나 지연되었다. 이 개는 주인을 실은 병원차를 4㎞ 가량 뒤쫓다가 지쳐 집으로 돌아온 후 이웃 사람이 주는 음식과 물에는 입도 대지 않은 채 일주일 이상 방문 앞을 지켜, 보는 이의 눈시울을 적셨다고 한다. 영민하고 야성적인 성격에 주인만을 따르는 충성심 강한 개를 원하는 사람에게는 더없이 좋은 견종이다.

제3편

반려견 사육 및 관리

01 관리를 위한 기본 이해

1. 개의 나이

표 3-1 개와 사람의 연령 비교표

Dog Age in Human Years(age varies based on weight and care)					
Dog Age	Human Years	Dog Age	Human Years	Dog Age	Human Years
2 months	14 months	6 years	42 years	14 years	84 years
6 months	5 years	7 years	49 years	15 years	87 years
8 months	9 years	8 years	56 years	16 years	89 years
12 months	14 years	9 years	63 years		
2 years	20 years	10 years	65 years		
3 years	24 years	11 years	71 years		
4 years	30 years	12 years	75 years		
5 years	40 years	13 years	80 years		

개는 사람에 비해 수명이 매우 짧다.

위 표는 일반적 기준으로 사람의 나이와 비교한 것이며, 개의 체구 크기나 견종에 따라서 평균 수명도 차이가 있다. 일반적으로는 대형견이 소형견에 비해 수명이 짧다. 따라서 대형견의 경우에는 2년(사람 나이 24세) 이후 1년마다를 사람의 나이 6세로, 중형견은 2년 이후의 1년마다를 사람의 나이 5세로, 소형견의 경우에는 2년 이후 1

년마다를 사람의 나이 4세로 계산하기도 한다. 초대형 마스티프 등 거구증을 가진 개들은 10년 정도의 수명을 가지며, 중·소형견 등이 15년 정도의 평균 수명을 가진다. 대형견종인 아이리쉬 울프하운드의 경우에는 8년 정도의 짧은 평균수명을 가지며, 라사압소 등의 특정 견종은 20년의 수명을 자주 보여주기도 한다. 기네스북에 오른 최장수견은 '블루'라는 이름의 오스트레일리언 캐틀독으로 29년 5개월의 수명을 기록하기도 하였다. 이를 사람의 나이로 환산하면 186세 정도이다. 요즘은 관리방법의 발전으로 개들의 평균수명도 조금 증가하는 경향이 있다.

개는 1년 만에 체고의 성장이 거의 끝나게 된다. 따라서 어릴 때의 영양공급에 매우 신경을 써야 한다. 물론 2년이 조금 넘어서도 두개골의 폭이 커지고 갈비뼈가 성장하면서 체구의 폭이 성장을 한다. 그래서 2년을 기준으로 성견으로 분류하게 된다. 소형견을 기준으로 하면 5년을 넘기면 중년에 접어든 나이가 되고 7년이면 노년기에 접어들며 통상 10년이면 노견으로 본다. 노견은 보다 특별한 건강관리가 필요하다.

또한 개는 번식 주기도 매우 빠르다. 암컷의 경우 생후 8개월 전후에서 첫 발정이 오게 되며, 이때 자칫 관리를 하지 못하면 의도하지 않은 임신과 출산을 하는 일이 발생하기도 한다. 따라서 성장기를 지나 2년을 넘기면서 번식에 활용하는 것이 일반적이다. 그리고 수컷은 항시 교배가 가능하며, 대부분 견종의 암컷은 평균적으로 연 2회 번식이 가능하다. 견종에 따라서는 1년에 한 번 발정이 오는 것도 있다. 다만 모견의 건강을 지키고 우수한 자견을 생산하기 위해 연속적으로 번식을 시도하는 것은 자제해야 한다.

2. 개의 의사소통과 행동방식

개는 그들의 조상인 늑대이던 때부터 상호간의 의사소통을 위해서 표정이나, 소리 등 다양한 표정과 몸짓을 사용해왔다. 또한 개는 동일한 의사소통 체계를 가지지 않은 사람에게도 자신의 상태를 표현하기 위해 보다 다채로운 방식의 짖음, 몸짓, 행동 등으로 변화했다. 따라서 견주가 개들의 표정과 몸짓을 이해할 수 있다면 조금 더 성공적인 의사소통을 할 수 있으며, 행동상의 문제점들을 교정할 수 있는 기준이 될 수 있다.

물론 개들의 행동을 이해하기 위해서는 많은 경험이 필요하다. 이러한 경험의 축적을 위해 개들의 행동을 유심히 관찰하는 것이 필요하다. 그리고 개들을 많이 데리고 나오는 공원 등에 가서 개들의 행동을 지켜보는 것도 유용하다. 개의 전체적인 모습을 보는 것도 중요하지만, 귀, 꼬리, 눈, 입 등 부분별 반응을 지켜보는 것이 중요하다. 그러다 보면 신체 일부의 반응을 통해 앞으로 개가 어떤 행동을 할지 예측이 가능해질 것이다.

1) 개의 기분에 따른 몸짓의 변화

(1) 평온한 상태

평온할 때는 꼬리를 편하게 세우거나 늘어뜨린 상태에서 느리게 흔들고, 귀는 약간 세우거나 편안하게 늘어뜨려 있는 상태로 유지하며, 강아지들의 경우에는 사람을 빤히 쳐다보는 등의 관심을 보인다.

(2) 두려울 때

두려움을 느낄 때는 약간 몸을 낮춘 자세로 꼬리를 다리 사이로 넣고 눈은 정면을 응시하지 못하고 흰자위가 보일 정도로 곁눈질로 응시한다. 또한 제자리에서 불안한 몸짓이 섞인 상태로 짖거나 뒷걸음질을 치면서 짖는 것도 두려움의 표현이다. 심한 공포감을 느낄 때는 온몸을 떨기도 한다. 개가 두려운 상태에서 사람의 접근이 계속되면 자기 방어를 위해 공격으로 이어지는 경우도 있으므로 주의해야 한다.

(3) 화가 났을 때

귀를 앞으로 향해 쫑긋하고 이마 위쪽으로 모으며, 눈은 상대방의 정면을 응시하면서 이를 하얗게 드러내는 경우가 많다. 몸은 상대방에게 최대한 크게 보이도록 팽팽하게 당겨지고 위로 치켜지면서 털, 특히 목 부분과 등쪽 중앙의 털이 곤두선다. 꼬리는 일자로 쭉 뻗거나 위로 곧추선 상태에서 긴장된 움직임으로 흔드는 경우가 있고 꼬리털도 곤두선다.

(4) 호기심이 생기거나 무언가에 주목할 때

경계할 때와 비슷한 식으로 꼬리를 세우고 귀를 쫑긋하고 세우지만 입은 꼭 다물고 있고 눈도 평온한 상태다. 냄새를 맡거나 쳐다보거나 앞발로 툭툭 건드려 본다. 사람이 고개를 갸우뚱거리듯 고개를 갸우뚱거리는 개들도 있다.

(5) 놀고 싶거나 놀자고 조를 때

개들이 다른 개나 사람에게 놀자고 조를 때, 특히 작은 강아지일수록 앞발을 허공에 휘두르거나 앞다리를 올려놓는다. 또는 앞다리를 앞쪽으로 뻗고 머리와 몸의 앞쪽을 낮추는 반면 엉덩이 높이는 그대로 유지하고는 꼬리를 좌우로 흔드는 모습은 전형적인 놀이를 요구하는 자세이다. 개들끼리도 노는 모습을 보면 싸움을 하는 듯 격렬해 보이지만, 자세히 관찰해보면 화가 났을 때와는 전혀 다르다. 이빨이 보이지 않으며 눈에 흰자위도 보이지 않는다. 때때로 놀면서 짖는 개도 있는데, 이때의 짖는 소리는 약간 높고 경쾌하다.

2) 소리의 변화

(1) 멍멍

크고 우렁차게 울림이 있을 정도로 멍멍 하고 짖는 것은 경계를 한다는 의미다. 다른 개가 영역을 침범했을 때나 낯선 사람이 지나가거나 이상한 소리가 들릴 때 등 경계의 의미로 짖는다.

(2) 깨~갱

귀를 자극할 정도로 고음의 깨갱 소리는 개가 아프다는 의미다. 맞았을 때나 갑자기 무언가에 부딪혔을 때 이런 소리를 낸다.

(3) 낑낑

뭔가를 하고 싶은데 하지 못할 때 조르는 소리. 배변을 하고 싶거나 먹이를 먹고 싶을 때, 산책 가자고 조를 때 낸다.

(4) 우~우

늑대가 우는 것처럼 긴 울음소리로 외로울 때나 주목해주기를 바랄 때 내는 소리다. 때로는 음악소리나 사이렌 소리에도 반응하여 늑대처럼 우~우 소리를 내기도 한다. 늑대의 의사표현 방식처럼 한 마리가 멀리짖기를 하면 다 함께 반응해주는 본능이 아직도 살아있기 때문이다.

3) 신체 부위별 반응 유형

(1) 꼬리

꼬리를 편하게 살랑살랑 흔드는 것은 기쁘거나 반갑거나 재밌다는 의미다. 특히 엉덩이를 실룩거릴 정도로 옆으로 세게 꼬리를 흔드는 것은 반가움의 표시이다. 그러나 꼬리에 힘이 잔뜩 들어가서 위로 세운 채 흔든다면 경고나 공격의 의미이고, 그냥 꼬리를 세게 뻗는 것은 뭔가 행동을 시작하겠다는 의미이며, 꼬리를 내리고 뒷걸음질을 하면 두려워한다는 의미이다.

(2) 눈

눈을 정면으로 마주 보고 피하지 않는 것은 도전을 하겠다는 태도이다. 주인과 눈을 맞추는 훈련을 하지 않는 개들의 경우 사람과 눈을 맞춘다는 것은 싸움을 걸기 전의 도전적인 행위인 것이다. 평상시의 자연스러운 눈 맞춤은 만족스러운 상태를 나타내며, 시선을 피하는 것은 스스로를 방어하고자 할 때이고, 동공이 커지면서 눈을 곁눈질로 보는 것은 두려워하는 것이다.

(3) 귀

위로 모여져 긴장하지 않고 편안하게 있는 것은 편안한 심리상태임을 나타낸다. 귀가 위로 모여져 있는 것은 개가 경계하거나 무언가에 집중하고 있음을 나타낸다. 귀를 뒤로 누인 상태는 아양을 떨거나 두렵거나 적개심을 느끼는 상대방을 공격하면서 들어갈 때의 귀 자세이다.

(4) 몸

다른 개나 사람의 얼굴을 핥거나 기쁜 듯 짖으며 앞다리를 앞으로 쭉 펴서 몸을 낮추고 엉덩이를 들고 꼬리를 흔드는 것은 행복하다는 표현이며, 함께 놀자고 조르는 것이다. 사람이나 다른 개에게 몸을 문지르거나 기대는 것은 애정이나 동료애의 표시다.

또한 배를 보이며 바닥에 발라당 눕는 것은 자신보다 힘이 센 존재에게 항복한다거나 복종한다는 의미이다. 복종 표현이 좀 더 강해지면 오줌을 찔끔거리며 지리는 경우도 있다.

4) 일상 생활에서의 행동방식

(1) 개의 옆구리나 가슴, 배를 긁어줄 경우 뒷다리를 떠는 행동

개의 배 부분이나 가슴을 긁어줄 경우 개는 마치 자신의 뒷다리로 긁고 있는 것과 같은 착각을 하여 뒷다리를 허공에 대고 긁는 것과 같이 떨게 된다.

(2) 개가 한 자리에서 뱅뱅 도는 행동

강아지가 한 자리에서 자기의 꼬리를 물려고 맴을 도는 것은 그져 장난을 치거나 꼬리 잡기 놀이를 하는 것이다. 잠을 자기 전에 한 자리에서 뱅뱅 맴을 도는 것은 잠잘 자리를 다지고 방향과 위치를 선택하기 위해서이다. 개는 과거의 먼 조상인 늑대의 행동습성을 아직도 많이 가지고 있는데, 이 중에 하나가 바로 한 자리에서 맴 돌기를 하면서 움푹 들어가게 하여 자신의 잠자리를 만들기 위한 행동을 한다.

(3) 개가 용변을 보고 흙을 뒷발로 끼얹는 행동

개가 용변을 보고 뒷발로 흙을 차는 행동은 모두 늑대로부터 이어받은 본능이다. 용변을 본 후 흙을 차는 목적은 크게 두 가지이다. 한 가지는 자신의 용변을 주변으로 넓게 뿌리거나, 용변이라는 후각적인 표시와 더불어 흙이 파헤쳐진 상태를 시각적으로 남겨서 자신의 존재나 영토를 알리는 행위이다. 이와 반대로 무리에서 떨어져 혼자 생활하는 늑대의 경우에는 오히려 자신의 용변을 흙으로 덮어 적으로부터 자신의 존재를 숨기려는 목적의 행위일 경우도 있다. 개들도 이러한 행동방식을 물려받았으며, 그 본능이 잠재된 것이 나타나는 현상이다.

(4) 뒷다리를 들고 소변을 보는 행동

개들은 산책할 때마다 관심의 주된 초점은 다른 개들이 남긴 소변의 냄새를 확인하는 것이다. 수캐는 뒷다리를 치켜올려 전봇대나 나무기둥 등의 높은 위치에 배뇨하여 자신의 존재를 알리기 위해 노력한다. 소변의 위치가 높으면 다른 개들이 머리를 숙이지 않고도 냄새를 쉽게 확인하도록 할 수 있다. 모든 나무의 그루터기와 전봇대를 집중해서 냄새를 맡으며 냄새의 메세지를 주의 깊게 읽은 후, 자신의 냄새를 남기기 위해 소변을 본다. 통상 수컷의 경우에는 사춘기 때(8~9개월경)부터 다리를 들고 오줌을 높은 위치에 남기기 시작한다.

일반적으로 암캐는 다리를 치켜올리지 않는다고 생각하지만 일부 암캐도 뒷다리를 들고 배뇨를 한다. 물론 그 행위는 수컷의 완벽한 뒷다리 들기와 다소 차이는 있지만 자신의 영토를 표시하고 자신의 존재를 알리려는 최대한의 몸짓이기에 성격이 강한 암캐들에게서 그러한 현상을 볼 수 있다.

(5) 개가 사람의 입을 핥을려고 하는 행동

개가 주인의 입이나 입 주변을 핥으려고 하는 것은 존경심을 표시하는 개만의 의사표현 방식이다. 무리생활을 하는 늑대도 서열이 낮은 늑대가 서열이 높은 늑대의 입주위를 핥으며 복종의 의미와 함께 애정표현을 하는데, 개도 주인을 자신보다 서열이 위라고 생각하여 그와 동일한 행동을 하려는 것이다.

특별한 질병에 걸린 개가 아니라면 개의 타액은 몸에 전혀 해롭지 않으니 크게 걱정할 필요는 없다. 개의 그러한 행동은 주인에 대한 충성심의 표시라고 생각하고 너그럽게 받아주는 것이 좋으며, 입 주위 대신 손을 핥도록 하는 것도 좋다.

(6) 주인을 보고 눕는 이유

개들은 원숭이나 다른 개과의 동물처럼 사회적인 무리를 형성하며 생활을 한다. 이때 중요한 것 중 하나가 바로 서열 가리기이다. 개도 자신보다 강한 상대나 높은 서열의 대상을 만나면 보이는 행동이 있다. 오줌을 찔끔거리거나, 엉덩이를 상대의 머리쪽에 대주거나, 귀를 낮추고, 꼬리를 감추고, 배를 뒤집고 눕는 행동 등이다. 따라서 주인을 보고 개가 배를 보이며 눕는다는 것은 복종의 의미이다. 이때는 칭찬을 해주는 것으로 상을 준다.

(7) 장난감을 물고 집이나 구석에 감추는 행동

어린 강아지나 큰 개를 키우다보면 어떠한 물건을 자기 집 안으로 물고 들어가서 숨겨놓는 모습을 발견하게 된다. 어떤 개들은 구석에 숨기기도 하고, 어떤 개들은 땅을 파고 묻기도 한다. 개들은 오래전의 늑대로부터 이어져 온 본능으로 관심이 있는 물건을 남은 먹이 또는 자신의 소유라고 생각해서 숨기는 것이다. 사람이 남는 돈을 은행에 저금하는 것과 유사한 것으로 이해하면 된다.

(8) 사람을 무는 개와 안 무는 개를 구분할 수 있는지의 여부

사람을 무는 개와 물지 않는 개를 육안만으로 구분하기는 어렵다. 그러나 다가가는 사람을 노려보는 개나 자세를 낮추고 기다리는 개는 물 확률이 높다. 또한 꼬리를 방울뱀처럼 위로 세워서 힘을 넣은 상태로 흔드는 것도 공격 신호 중 하나이다. 무분별하고 광폭하게 짖는 개도 조심해야 한다. 그러나 그러한 징후가 없는 개들도 돌변할 수 있으므로 모르는 개를 함부로 만지지 않는 것이 제일이다.

또한 개가 풀려 정면으로 달려드는 경우에는 뒤를 돌아 도망가는 것은 오히려 위험하며 개와 눈을 마주치고 정지해 있거나 오히려 천천히 다가가는 것이 좋다. 개는 자신보다 높은 키의 상대방을 두려워하기 때문에 대인공격 훈련을 받았거나 광견병에 걸린 개가 아니라면 대부분 방어의 효과를 볼 수 있다.

5) 생리적 이유에서의 행동

(1) 개가 교미를 할 때 오래 붙어있는 이유

일반적으로 다른 동물들은 교미 시 수컷이 사정을 하여 정충을 암컷에게 주입하면 모든 행위가 끝나게 되어 있다. 그러나 개는 특이한 몸구조를 갖고 있어 어쩔 수 없이 오랜 시간을 결합상태로 있어야 하며, 오랜 시간의 유지를 위해 물렁뼈가 생식기에 있다.

암컷의 질 내부는 외부와 내부로 나뉘며, 외부는 산성이고 내부는 알카리성이다. 한 기관에 두 가지의 상반된 성분이 존재하는 이유는 외부로부터 들어오는 나쁜 바이러스나 균 등을 살균하기 위함이고 안쪽에 알카리성은 들어오는 정충을 보호하기 위함이다. 그러나 외부의 나쁜 균을 살균하기 위한 산성이 정작 교배 시 들어오는 정충을 죽일 수 있기 때문에 수컷은 사정을 세 번에 나누어 한다. 처음 사정으로 전립액이 들어가 암컷 질의 산성을 중화시키고, 두 번째 사정으로 정상적인 정충이 들어가며, 세 번째 사정으로 정액이 들어가 먼저 들어간 정충을 안으로 밀어넣는 역할을 하는 것이다. 이러한 이유로 개는 교미 시 오랜 결합을 해야 되는 이유를 개가 정력이 세다고 잘못 받아들여 개가 정력제로 둔갑하는 일이 주변에 아직도 흔히 있지만 사실은 자신의 종족을 번식시키기 위한 눈물겨운 노력이다.

(2) 갓난 강아지의 배변습관

동물은 자신의 집이 지저분해지는 것을 싫어하고, 배설물로 인하여 자신의 보금자리를 발각당하는 것을 꺼리는데, 이러한 본능이 남아 있어서 갓난 새끼는 어미가 요도와 항문 주변을 핥아줄 때 비로소 배설을 하게 된다. 따라서 갓난 강아지를 사람이 직접 양육해야 하는 상황이라면 어미가 핥아주는 것과 유사한 느낌을 주도록 축축한 솜 등으로 항문 등을 문질러 주는 방법으로 배설을 유도해 주어야 한다. 어미는 강아지가 돌아다니면서 배변을 할 수 있을 때까지 배설물을 먹어 치운다.

(3) 문지방이나 가구 등을 물어뜯는 행동

개는 우리의 어린 아이와 같이 놀이기구도 필요하고, 이갈이를 할 나이의 개에게는 이갈이를 돕는 물건도 필요하다. 야생에서의 개과 동물은 사냥한 동물의 뼈를 씹고, 주변의 나무나 돌 등도 씹을 수 있다. 이렇게 함으로 해서 놀이도 할 수 있고, 이갈이를 도울 수도 있다. 이갈이를 하는 강아지에게는 관심이 있는 장난감이나 너무 단단하지 않은 뼈 등을 공급하여 주는 것이 좋다. 이갈이 시기가 지난 성견이 계속 그같은 행동을 보이는 것은 유아기적 습관을 버리지 못한 것으로, 나무 등이나 자주 물어뜯는 물건에 매우 매운 물질을 발라놔서 물어뜯을 경우 매운 맛으로 고통을 겪는다는 것을 알게 해주는 것이 좋다.

(4) 강아지나 개가 교미행동처럼 하는 것

그러한 행동을 '마운팅'이라고 하는데, 아주 어린 개나 나이가 많은 개들도 그러한 행동을 한다. 심지어는 암컷도 수컷처럼 그런 행동을 하는데, 일종의 놀이이므로 너무 신경 쓸 필요는 없다. 다만 자신이 우월하다고 판단하는 경우에 그런 행동을 하므로 사람에게 그런 행동을 하면 꾸짖는 것이 좋다. 다른 손님이 왔을 때 마운팅을 하면 난처하므로 사람에 대한 행동은 미리 자제시키는 것이 좋다.

(5) 어미 개가 강아지 중 일부를 돌보지 않는 경우

보통의 개들은 자신이 낳은 새끼 강아지를 사람의 손을 빌리지 않고 잘 키울 수 있는 능력이 있다. 그러나 어미 개가 자신의 새끼 강아지 중에 유독 어떤 강아지만 보호하지 않고 방치한다면 강아지를 키우지 못해서가 아니고 다른 이유 때문이다. 문제의 강아지에게서 다른 냄새가 난다거나 하여 자신의 새끼가 아니라는 판단이 섰을 경우가 있고, 선천적인 질병에 걸린 강아지임을 알고 미리 포기한 경우가 그것이다. 이 때는 사람이 포육을 하는 방법을 선택하거나 대리모에게 맡기는 것이 좋다.

(6) 어미 개가 자기 새끼를 먹는 행동

어미 개가 자신의 새끼 강아지를 먹는 것은 배가 고파서가 아니다. 어미 개가 무언가를 원인으로 심한 스트레스를 받은 경우 새끼를 뺏길 수도 있다는 불안감이 있는 경우 자신이 가장 안전하다고 생각하는 곳에 보관하기 위한 행동으로 볼 수 있다. 물론 사람의 입장에서는 이해가 가지 않는 행동이지만 개의 판단으로는 그것이 최선의 방법이라고 생각하기 때문이다.

(7) 개가 집 안의 아무 곳에나 소변을 방출하는 행위

보통 소변은 정상적인 배설인 경우가 많지만 질병에 의해 일시적으로 소변을 해결하지 못하는 경우도 있다. 그러나 개가 일정 장소의 냄새를 탐색한 후 의도적으로 소변을 본다면 자신의 오줌을 조금씩 묻혀 냄새를 남기기 위함이다. 이를 '마킹'이라고 하며, 자신의 영역을 표시하기 위한 행동이다. 인간사회에 속해서 사는 개들은 대부분을 자신의 영역이라고 생각하기 때문에 다른 개의 체취가 있는 곳에도 망설임 없이 마킹을 한다. 즉 영역을 공유하는 셈이다. 자신의 서열이 높다고 생각할수록 마킹을 스스럼없이 하게 되므로 가정 내에서 개의 서열을 인식시키고, 정해진 곳에서만 소변을 보도록 훈육하는 것이 필요하다.

02 반려견의 선택과 급식 관리

1. 반려견 선택 시 고려사항

개는 또 하나의 가족이다. 개를 키우는 것은 마치 아이를 입양해서 기르는 것과 같다. 일시적인 호기심이나 충동으로 개를 구입하는 것은 스스로를 힘들게 하고 심지어는 개를 버리게 되는 원인이 되므로 신중해야 한다. 따라서 여러 가지 고려 사항을 신중하게 생각해서 개를 선택하는 것이 주요하다.

1) 주거 여건을 고려한다

개를 선택하기 전에는 자신이 살고 있는 집의 구조를 고려해야 한다. 아파트나 실내에서 개를 키울 것인지 아니면 야외에서 개를 키워야 하는지의 사육환경도 개를 선택하는 데 매우 중요하다.

예를 들어 실내에서 개를 키우는데 털갈이를 집중적으로 하는 견종이나 과다하게 몸집이 큰 견종 등은 감내해야 하는 사항들이 매우 많다.

반면 개를 실외에서 키워야 하는데, 더위나 추위에 약한 개를 선택하거나, 성격상 사람에게 많은 시간을 의존해야 하는 개를 선택하는 것도 맞지 않다.

2) 개의 외모 외에도 성격을 고려해야 한다

개를 키우고자 하는 사람의 성격과 개의 성격이 잘 맞아야 행복하다. 조용한 성격의 개를 원하는 사람이 활동성이나 흥분도가 높은 테리어 종류를 선택하게 된다면 바로 불행으로 다가온다. 또는 애교가 많고 밝은 성격의 개를 원하는 사람이 지나치게 조용하고 침착한 재패니즈 칭 등의 견종을 선택하는 것도 맞지 않다. 따라서 자신의 성격과 원하는 스타일을 사전에 파악하고 그에 맞는 성격의 개를 찾아야 한다. 특히 외모에만 끌려서 개를 선택하는 것은 매우 좋지 않다.

많은 애견단체에서 개의 기능이나 모양을 기준으로 분류하는 것과 다르게 동물심리학자인 스탠리 코렌은 개의 성향에 따라 7가지로 분류하고 있는데, 자신에게 맞는 견종을 선택하는 데 도움이 될 수 있다.

(1) 친구 그룹

사람에게 매우 상냥해서 사귀기 쉽고 도시생활에도 적합하며, 공격성이나 경계심이 별로 없는 성격의 개들이다. 따라서 집을 지키는 용도로는 부적합하다.

– 골든 리트리버, 라브라도 리트리버, 비숑 프리제, 콜리, 아메리칸 코커스파니엘 등

(2) 경비 그룹

자기 영역에 대한 애착이 강하고 가족 이외의 사람이나 다른 동물을 경계하는 성격이다. 사교적인 성격은 보통 수준이므로 경비견으로도 적합하다.

- 진돗개, 아키다, 로트와일러, 슈나우저, 저먼 포인터, 복서, 차우차우, 불 테리어 등

(3) 독립심 그룹

사람과 교감하는 것에는 문제가 없으나 개성과 독립심이 강해서 스스로 생각하고 판단해서 행동하며, 훈련 습득 능력이 아주 높지는 않다. 성격상 실외에서 키우는 것이 편하다.

- 그레이하운드, 아프칸 하운드, 달마시안, 알래스칸 말라뮤트, 보르조이, 에어데일 테리어, 사모예드, 샤페이, 아이리시 세터 등

(4) 자존심 그룹

자신감에 차있고 대담하고 활동적이다. 테리어 종류가 많은 비중을 차지하며, 크기로 볼 때 실내견으로 적합하다. 낯선 사람에 대해 민감하게 반응하고 집을 지키는 성향도 있다. 자율성이 강하고 충동적이며 쉽게 흥분하는 성향도 있어서 어린 아이가 있으면 자신의 서열이 더 높다고 생각하는 성향이 있다. 부산스러운 것을 싫어하는 사람에게는 적당하지 않다.

- 스코티쉬 테리어, 잭러셀 테리어, 미니어처 슈나우져, 요크셔테리어, 웨스트하이랜드 화이트테리어, 라사압소, 페키니즈 등

(5) 가정파 그룹

움직임이 예측이 가능할 정도로 행동이 한결같다. 가족과 잘 어울리고 집에 머무는 것을 좋아한다. 도시의 실내견으로도 적합하다.

- 포메라니언, 재패니즈 칭, 닥스훈트, 보스턴 테리어, 발티스, 퍼그, 치와와, 시추 등

(6) 인내심 그룹

조용한 성품이면서 튼튼하고 악조건에서도 잘 견딘다. 행동이 일정하고 훈련이 쉽지는 않지만 한 번 훈련된 사항은 잘 지킨다.

- 그레이트덴, 불독, 그레이트피레네즈, 비글, 세인트버나드, 뉴펀들랜드, 아이리시울프하운드, 버니즈마운틴독,

(7) 총명 그룹

관찰력과 훈련 습득 능력이 좋고, 배우려는 의지가 강해서 가르치는 재미가 있다. 헌신적인 성품도 있어 반려견으로도 적합하다.

- 도베르만 핀셔, 저먼 셰퍼드, 셔틀랜드 쉽독, 벨지안 쉽독(4종), 웰쉬코기, 푸들, 보더 콜리 등

3) 기르는 목적을 정한다

번식을 할 목적이라면 견종표준에서 정한 외형과 성품이 잘 맞는지의 여부와 유전적으로 번식에 좋은 혈통인지를 매우 까다롭고 신중하게 골라야 한다. 또한 해당 개체가 번식에 하자가 있는 개인지도 확인해야 한다. 하지만 애견생활을 목적으로 한다면 성격이 우선시되어야 하며, 자신이 키우기 쉽고 체력과 함께 할 수 있는 시간 등에 맞는 견종을 골라야 한다. 또한 개의 마리 수도 번식과 애견생활의 목적에 따라 조절해야 하며, 성별도 목적에 따라 정해야 한다.

수컷의 경우에는 소변을 아무 데나 찔끔거리는 경향이 있는 반면 암컷은 발정기 때 주의를 하면 관리 면에서 조금 더 편하다. 그러나 강아지를 얻기 위함이 아닌 경우에는 수컷이 편할 수도 있다. 필요에 따라서는 거세나 피임수술 여부도 결정해야 한다.

4) 강아지 고르기

(1) 밝고 명랑하다

사람이 부르면 바로 다가오며, 다른 개들과 같이 있을 때에는 쉬지 않고 장난을 하는 등 행동이 활발하다.

(2) 예쁘다

딱 보았을 때 '예쁘다'는 느낌이 들 정도로 털에 윤기가 흐르고 각 부위가 균형이 있다.

(3) 들어본다

강아지를 들었을 때 건강한 강아지는 상대적으로 묵직하다.

(4) 코

차가우면서 촉촉한 코가 건강하다.

(5) 눈

초롱초롱 빛나며 눈물이나 눈곱이 없다.

(6) 귀

개의 귀는 체내의 열을 발산하는 기능도 하는 곳이므로 귀가 따듯하다면 열이 높은 상태이며, 귓속이 깨끗해야 된다.

(7) 등

등이 구부러져 있거나 손으로 눌러서 뼈가 손에 많이 잡히지 않는 탄력 있는 강아지가 좋다.

(8) 식욕

식욕이 왕성하다.

(9) 대변

묽르거나 옆으로 흐트러지지 않고 제 모양을 갖춘 변이 좋다.

5) 처음 집으로 데려오기

기다리고 기다리던 강아지를 처음 집으로 데려오는 날, 식구들마다 설레고 기쁜 마음은 이루 말할 수 없을 것이다. 그러나, 새로운 환경에 들어온 강아지는 마치 먼 타국에 입양된 아기와 같이 불안한 심정이라는 점을 알아야 한다. 또 만약 먼저 키우고 있던 개가 있다면, 둘 사이에 생길 수 있는 심리적인 신경전도 염두에 두어야 한다. 한 가족이 되기 위한 첫 걸음으로 처음 집에 데려온 후 첫 1주일간의 행동 수칙을 지킬 필요가 있다.

(1) 친근한 물건 주기

전 주인으로부터 강아지가 사용하던 밥그릇, 장난감, 매트 등 친근한 물품들을 받아둔다. 어린 아기도 그렇지만, 자견 단계에서는 친근한 장소, 친근한 물건, 환경 등이 정서발달에 중요한 역할을 한다. 그러므로 가능한 한 새롭고 낯선 분위기를 상쇄해 줄 수 있는 대상물이 필요하다. 자견에게는 태어나서부터 접해온 먹이, 장난감, 매트 등이다. 그러므로 육아에 필요한 기본적인 사항을 전 주인으로부터 인계받아 지나친 환경 변화가 이루어지지 않도록 배려해주는 것이 좋다.

(2) 조용한 환경 조성과 적응시간 부여

강아지가 새로 오면 귀엽기도 하고, 안쓰럽기도 해서 온 가족이 돌아가면서 손길을 주기 십상이다. 그러나 솔직히 이런 손길은 강아지에겐 도움이 되기보단 스트레스의 원인이 될 수 있으므로 자제해야 한다. 2~3일 정도 강아지가 스스로 호기심을 보이고 왕성하게 돌아다니기 전에는 조용하고 집안 식구들의 발길이 뜸한 장소에 집을 마련해주고 먹이와 물을 주며 조심스럽게 관찰하는 것이 좋다.

물론 강아지에 따라 스트레스 반응이 없이 사람에게 다가와 놀아 달라고 보채는 경우가 있는데 이런 경우에는 적극적으로 응해주는 것도 필요하다.

처음부터 배변은 확실히 정해진 장소에서 하도록 해야 하는데, 먹이를 먹은 직후 또는 아침에 일어난 후 끙끙거리며 배변의 기미를 보일 경우에는 화장실 또는 정해진 배변장소로 데리고 가야 한다.

강아지에 따라서 밤에 끙끙대거나 짖는 경우가 있는데 이는 낯선 환경에 대한 두려움 때문이므로 적응할 때까지 가만히 둔다. 이때 안아서 달래거나 불쌍하다고 침대에 함께 재우면 서열 의식이 불확실해져 후일 훈련시키거나 길들이기 힘들어질 수 도 있다.

(3) 이름에 익숙해지기

이름을 지어주고 그 이름을 부르는 주인에게 복종하게 하는 것은 훈련의 기본이다. 그러므로 첫날부터 자신이 이름과 그 이름을 부르는 사람에게 익숙해지도록 하는 것이 중요하다. 요란스럽게 이름을 부르며 인식시키기보다는 먹이를 주거나 배변 후 칭찬을 해줄 때 늘 같은 톤으로 이름을 불러주면 된다.

(4) 기존의 개와 친숙해지기

기존에 있던 개가 접근할 때는 항상 지켜보고, 새로운 식구의 냄새를 맡아 친숙해지도록 도와준다. 새로 데려온 자견을 지나치게 편애하는 기미가 보이면, 기존에 기르던 개는 당연히 새로 온 자격에 대한 질투심을 갖게 된다. 특별히 공격적인 개가 아닌 한, 성견은 자견을 돌보고 이끌어 주는 것이 본능인데 자견을 질투의 대상으로 인식하게 되면 가족으로 함께 지내는 데 상당한 문제가 발생할 수 있다. 그러므로 기존 개에게 먼저 먹이를 주거나 칭찬을 하는 등으로 기존 개가 서열상 우월하다는 것을 두 마리 모두에게 분명히 인식시키는 것이 필요하다. 또한 기존의 개에게 자견이 잠들었을 때 냄새를 맡게 하거나 하는 등으로 친숙해지도록 유도한다.

6) 분양받은 후 필수 점검 사항

강아지는 신생견일수록 귀엽기 때문에 때로는 8주 이전의 강아지들을 쇼윈도에 진열해놓고 분양하는 경우도 있는데, 이런 경우 한 강아지가 전염병에 감염되면 도미노처럼 전염되기 때문에 파보 바이러스 감염에 따른 장염 등의 각종 질병에 노출될 가능성이 높다. 애견 샵 등을 통해 구입한다면 가능한 한 생후 2~3개월 된 강아지를 구입하는 것이 좋은데, 이때는 6주 이후부터 접종하는 종합백신 접종 확인서를 체크할 필요가 있다. 그 확인서에 따라서 실시하지 않은 다른 필요 접종이나 투약 일정을 잡아 추가 접종시켜야 한다.

생후 90일이 지나면 모든 개는 광견병에 대한 예방 주사를 맞아야 한다. 이것은 애견가의 의무로 되어 있으나 최근에는 이를 기피하는 애견가가 늘고 있다고 한다.

이 병의 중대함을 생각할 때 기피하는 이유는 이유가 되지 않는다. 반드시 예방 주사를 맞혀야 한다.

또한 견종에 따라 비중이 꽤 높게 나타나는 유전질환이 있을 수 있다. 예를 들어 달마티안의 경우 청력이 상실되었다거나, 골든 래트리버의 경우 고관절에 문제가 있는 등 견종마다 반드시 살펴봐야 하는 질환이 있으므로 필요에 따라서는 전문가의 도움을 받는 것도 좋다.

2. 급식 관리

1) 필요한 영양

강아지의 성장과 개의 건강 유지를 위해 적정한 급식 관리를 해야 하는 것은 당연하다. 여기에는 견종마다의 특징을 감안하여 급식관리를 효율적으로 하는 것도 포함된다.

또한 길거나 철사와 같은 털을 가진 견종에게는 털에 흐르는 광택 등도 건강 유지 여부의 척도가 될 수 있으므로 함께 신경을 기울여야 한다. 또한 사역을 하는 견종들에게는 단단하고 강인한 근육이 잘 형성될 수 있도록 급식 관리의 방향을 잘 잡아야 한다.

반려견을 좀 더 건강하고 멋있게 키우기 위해서는 균형 있고 합리적인 먹이가 필요하다.

개의 먹이는 영양학적으로 단백질 25%, 탄수화물 50%, 지방 8% 정도의 비율이 이상적이다. 먹이의 양은 견종에 따라 그 개의 머리 부피만큼 주는 것이 일반적 기준이 된다.

필요 열량은 소형견일 경우 체중 1kg당 110cal, 대형견은 체중 1kg당 60cal 가 필요하며 발육기의 강아지나, 임신 중의 개는 이보다 2배 정도의 cal가 필요하다.

표 3-2 먹이 급여량 기준표

	연 령	체 중 (kg)	필요열량 (cal)	완전영양 통조림(g)	Dry-food(g)	Semi-moist food(g)
페키니즈	강아지	0-4	150 - 800	-	-	-
	성 견	5	550	400	150	170
닥스훈트	강아지	1-7	300-1000	-	-	-
	성 견	10	1000	750	250	280
진돗개	강아지	3-15	500-1700	-	-	-
	성 견	20	1800	1200	400	450
콜 리	강아지	5-19	700-2100	-	-	-
	성 견	30	2300	1500	530	600
저먼세퍼트	강아지	7-23	1000-2300	-	-	-
	성 견	40	2500	1900	650	750

2) 사료의 종류

사람이 먹는 식재료를 활용하여 고기, 곡물, 유제품, 생선, 야채, 등을 열량과 식성에 알맞게 직접 조리해서 급여하는 방법이 있다.

그 외에 알갱이로 제조된 건식사료(dry food), 습식사료(soft food), 반습식사료(semi-moist food) 등을 구입하여 급여하는 방법이 있는데, 개에게 필요한 영양분을 고르게 배합한 제품으로 다른 첨가물이 필요하지 않다. 수분이 많을수록 흡수력은 좋으나 변질되기 쉬우므로, 장시간 보관하면서 급여를 한다면 건식사료(dry food)가 효율적이다.

또한 제품화되어 있는 Dog food를 추가로 급여하는 방법이 있다. Dog food의 종류에는 통조림 형태로 고기만으로 된 것과 여러 가지가 균형 있게 배합된 것이 있으며, 고기 통조림은 dog meal 등을 추가로 섞어서 준다.

3) 연령별 먹이

필요한 '영양'에서 언급한 것과 같이 발육기의 강아지는 체중당 성견이 필요로 하는 열량의 두 배를 필요로 하며 체중이 불어나는 대로 수치를 대입해 계산한다.

예: 성견 10kg의 체중
1kg의 강아지 × 성견 필요 cal × 2
5kg의 강아지 × 성견 필요 cal × 1.5kg
7kg의 강아지 × 성견 필요 cal × 1.2kg

노견의 경우 소화 기능이 저하되어 음식을 남기는 수가 있다.

이런 때에는 음식의 양을 점점 줄이며, 육식을 주로 하는 개는 노견이 될수록 몸이 산성화될 수 있으니 간강 유지를 위한 별도의 식단을 고려하는 것이 좋다.

4) 먹이를 만들어줄 경우 주의사항

먹이를 만들어 주고자 할 때는 아래의 주의해야 될 음식을 피해 균형 있는 식단을 짜도록 한다.

(1) 짠 음식

개는 몸에 땀구멍이 없어 땀으로 나트륨 배출이 안 된다.

(2) 문어, 오징어류

저단백이며 소화가 잘 안 된다.

(3) 양파, 파 종류

개의 적혈구를 녹이는 독성 현상이 나타나므로 특히 주의해야 한다. 먹다 남은 자장 등에는 양파 등이 대량으로 들어가 있으므로 주지 말아야 한다.

(4) 꽁치, 정어리 등

지방이 많은 어류는 습진이나 탈모의 원인이 된다.

(5) 과자, 사탕 등

당분이 많은 과자류는 충치의 원인이 되므로 가급적 주지 않는 것이 좋다.

(6) 계란의 흰자위

설사의 원인이 될 수 있다.

(7) 우유 및 유제품

우유를 너무 많이 주면 설사의 원인이 되며, 너무 뜨거우면 응고되어 흡수력이 떨어진다.

(8) 뼈

닭의 다리뼈와 날개뼈 등을 익혀서 줄 경우 날카롭게 쪼개지면서 위 등에 박히거나 상처를 낼 수 있으므로 주지 말아야 한다. 또한 돼지뼈 등을 적당량 주는 것은 괜찮으나 너무 많이 먹을 경우 노란 색의 딱딱한 대변을 유발하기 때문에 좋지 않다.

(9) 향신료

고추, 후추, 식초 등 자극성 음식과 감미료 등은 소화에 문제를 유발할 수 있다.

(10) 야채류

개는 몸에서 비타민 C를 합성하므로 별도로 생야채 등을 줄 필요는 없다. 다만, 변비 등을 해결하는 일시적인 방법이 될 수는 있다.

5) 사료 급여량

생후 3개월 미만은 강아지는 몸무게의 4%를 하루 4~5회 나누어 준다. 3개월부터 6개월 사이의 강아지는 몸무게의 3%를 하루 3회 나누어 준다. 6개월 이상의 강아지는 몸무게의 2%를 하루 2회 나누어 준다.

예를 들어서, 4개월 된 강아지의 몸무게가 10kg이라고 하면, 10kg(10,000g)의 3%에 해당하는 300g씩 하루에 3번 급여한다. 보통 사료 6알을 1g으로 잡는데, 300g이면 사료 1,800알이다. 한 끼에 600알씩 하루 세 번 주면 된다. 일반 크기의 종이컵 한 컵에는 약 70~80g의 사료가 들어간다. 그러면 한 끼에 100g을 주어야 하니, 종이컵의 한 컵 반 정도를 한 끼에 주면 되는 셈이다. 사료의 종류와 개의 개체 차이에 따라 조금씩 다를 것이니 위의 것은 참고만 하면 되겠다.

보통은 개의 배변상황을 보고 급여량을 조절하는 것이 가장 융통성 있는 방법이다. 장에 이상이 없는 경우 사료 량이 많으면 무른 변을, 너무 적으면 지나치게 딱딱한 변을 본다. 따라서 변의 상태를 살펴보아 무른 변이라면 사료량을 줄여보고, 너무 딱딱하면 조금 늘려 보며 조절한다.

급여 횟수는 위처럼 하고 전체 사료급여량은 이런 식으로 조절하는 것이 가장 적당할 것으로 보인다. 또 아가 때는 계속 먹으려고만 하니 좋다고 계속 주면 안 될 것이다. 그리고 밥을 먹지 않을 때는 몸에 이상이 있나 살펴보고 아무런 이상도 없는데 밥투정을 하는 것이면 잠시 굶겨보는 것도 방법이다.

03 질병 관리

1. 계절별 관리

1) 봄

(1) 환절기와 건강

봄은 대체로 개가 활동하기 좋은 계절이지만 3월은 아직 환절기이므로 건강에 나쁜 영향을 미친다. 특히 신경 써야 할 개는 강아지나 노령의 개, 몸집이 작은 개, 출산 전후의 개, 병후로 몸이 쇠약해진 개 등 이다.

(2) 털갈이

봄부터 초여름 사이에 겨울의 털갈이를 한다. 털이 많이 빠지므로 무슨 병이 아닌가 걱정하는 사람도 있는데 피부에 이상만 없으면 신경 쓰지 않아도 된다.

날씨가 따뜻해지면 개의 신진 대사도 활발해지므로 브러쉬 등으로 개를 잘 손질해 주면, 털갈이를 쉽게 할 뿐 아니라 더러움이 벗겨지고 털 사이로 공기가 잘 통하여 피부병 예방에 좋다. 또한 손질을 자주 해줌으로써 개의 건강 체크도 할 수 있어 병의 조기 발견도 가능하다.

(3) 봄철 질병 관리

① 기생충의 구제

기온이 상승하면 개에게 기생하는 벌레들도 활발해진다. 흔히 보이는 배 속의 벌레는 회충, 십이지장충, 조충, 편충 등이 있다. 이들 기생충은 가끔씩 변에 섞여 나오는 수도 있으나 대개는 변 검사의 실시로 알 수가 있다. 검사 결과 어떤 기생충이 어느 정도로 기생하고 있으며 개에게 어떤 영향을 미치고 있는지 자세히 알 수가 있다.

② 호흡기 질환

환절기의 불안정한 기후하에서 기후에 잘 적응하지 못하는 개는 감기에 걸리기 쉽다. 또한 기관지염, 폐렴, 디스템퍼를 유발하는 수도 있다. 털 손질을 하거나 식사를 줄 때 식욕, 눈곱, 코의 상태, 기침 등을 주의하여 체크해야 한다.

2) 여름

(1) 냉방과 개

에어컨 등 냉방 시설이 잘 되어 있는 실내에서 생활하는 개는 일단은 좋은 환경에 놓여 있다고 말할 수 있다. 흔히 냉방병을 걱정하는 사람도 있으나 냉기가 남아 있는 부근의 온도도 20℃ 이하로 내려가지 않으므로 걱정할 필요는 없다. 덥지도 춥지도 않은 온도를 '온도 중성 지역'이라고 하는데 사람은 26-30℃인데 비해 개는 평균 15-25℃로 폭이 매우 넓기 때문이다.

(2) 장마철의 주의사항

습기가 많고 온도가 높은 장마철의 기후는 개에게 좋지 않다.

식사 - 기온과 습도가 높아지면 음식이 쉽게 변하며 곰팡이가 앉기 쉽다. 건조식품이라도 개봉한 다음 잘못 보관하면 맛이 변한다. 또한 냉장고를 너무 믿어서도 안 된다. 4℃ 정도에서도 곰팡이나 세균이 번식할 수 있기 때문이다.

식욕도 점차 떨어지므로 적당한 양을 주도록 신경 써야 한다. 가능한 한 날것은 피하고 열기로 충분히 익힌 음식을 주는 것이 좋고 식기도 깨끗이 씻은 것을 사용해야 한다.

(3) 옥외견의 고온에 대한 대책

기온이 30℃ 가까이 되면 개는 헐떡거리기 시작하며 혀를 내밀고 침을 흘린다.

이것을 열성 다호흡이라고 하는데 구강이나 혀, 기도로 수분을 증발시켜 체온의 상승을 조절하기 위함이다.

그늘지고 통풍이 좋은 장소를 선택하여 쉬게 하는 것이 좋다. 캔 식품이나 드라이 식품 등은 단시간에 부패해 버릴 염려가 있으므로 냉장고에 보관하는 것이 좋다. 또한 먹다 남은 찌꺼기는 버려야 한다.

냉동육을 줄 때는 단시간에 녹여서 주어야 하며 온실에 그대로 방치해 두면 잡균이 급속히 번식하여 설사나 식중독의 원인이 된다. 의외로 신경을 쓰지 않는 것이 식기류인데 지저분한 식기에 번식한 세균이 식중독의 원인이 되기도 하므로 주의해야 한다.

특별히 운동은 한낮의 아스팔트나 지면에서의 반사열은 놀랄 정도로 고온이므로 아침이나 저녁의 선선한 때를 택하여 운동시키는 것이 좋다. 뜨거운 낮에 아스팔트 등에서 뛰는 등의 운동을 할 경우 발바닥 피부가 떨어지는 경우도 있으므로 주의해야 한다.

(4) 더위와 식욕

기온이 상승하면 개의 식욕도 떨어져서 보통 때의 반 정도밖에 먹지 않는다. 이러한 현상은 더위로 인하여 위나 장의 소화 기능이 낮아지는 것에도 원인이 있지만 음식의 양을 줄여서 체온의 상승을 막고자 하는 것이므로 걱정할 필요는 없다.

개의 식욕이 떨어지면 식사도 저녁 무렵의 선선한 때를 택하여 하루 한 번씩 주는 것이 합리적이다. 여름은 또한 열성 다호흡에 의한 수분의 배출도 심하며 이로 인해 수분이 부족해지면 몸에 이상이 생길 수 있으므로 항상 마실 수 있도록 깨끗한 물을 준비해 두는 것이 좋다.

옥외에서 생활하는 개에게는 하루 중 온도가 가장 높은 때는 냉장고의 시원한 물을 꺼내 주는 것도 좋은 방법이다.

(5) 더위와 털

체온 상승 시 대부분은 헐떡임으로 해결하지만 피부로도 더위를 방출하는 데 털이 긴 개는 효율성이 좋지 않다.

특히 알래스칸 말라뮤트나 사모예드 등은 더위에 약하며, 페키니즈, 시츄와 같은 개들은 두부가 짧아 호흡 시 공기를 냉각시키기 어렵고 털이 길어 더운 계절을 보내기가 매우 힘들다.

이럴 때는 털을 짧게 잘라주는 것도 하나의 대책이 될 수 있으며 목욕을 시키는 것도 좋다. 그러나 목욕을 시켜 털이 젖어 있는 상태에서 개를 햇빛에 두면 열사병에 걸릴 우려가 있으므로 주의해야 한다.

(6) 여름에 일어나기 쉬운 병

① 열사병과 일사병

무더운 날씨에 직사 일광 아래에 그대로 방치해 두거나, 햇살이 잘 드는 밀폐된 방에 두면 열사병이나 일사병에 걸리기 쉽다.

또한 열사병은 환기가 좋지 않은 수송 우리로 개를 운반할 때도 일어나기 쉬운데 우리 내의 온도를 상승시키지 않기 위해서는 얼음주머니나 ICE NON을 수건으로 싸서 넣어 두는 것이 효과적이다.

개가 일사병이나 열병에 걸리게 되면 헐떡거리며 호흡을 하고 입에서 거품을 내거나 침을 흘리며 심한 경우엔 의식을 잃기도 한다. 이러한 경우에는 우선 그늘로 옮기고 찬물을 끼얹거나 젖은 타월로 몸을 감싸고 얼음주머니 등으로 몸을 식히면서 병원으로 이동해야 한다.

② 해충 제거 대책

개의 몸에 벼룩이나 진드기 등이 붙어 있는 것을 발견하면 살충제 등을 사용하여 빨리 제거해 주어야 한다. 살충제가 들어 있는 개 목걸이 등도 나와 있으므로 이용하면 편리하다. 또한 심장사상충의 매개체인 모기를 완전히 없애는 것은 어렵지만 예방약도 나와 있으므로 수의사와 상담하여 사용하면 좋다.

③ 피부병

여름은 피부병이 많은 계절이다. 곰팡이나 세균, 벼룩, 알레르기, 호르몬 관계 등이 원인이 되고 있는데 피부병 중에서도 습진이 가장 많은 듯하다.

3) 가을

(1) 여름과 겨울 사이

'여름을 탄다'라는 것은 뜨거운 여름이 지나고 선선한 바람이 불기 시작할 때부터 초겨울에 이르기까지의 사이에 병이 많이 나타나는 것으로서 특히 고령의 개에게 많이 보이는 현상인데 특별히 무슨 병이라고 내세울 수는 없지만 이유 없이 기력이 없어지고 쇠약해진다.

역시 기후나 기온의 변화가 생명체에 미치는 영향은 어쩔 수 없는 것 같다. 이 시기를 어떻게 잘 넘길 수 있을지에 관해 주인은 걱정이 많을 것이다. 특히 노령의 개에게는 자극을 적게 주고 무리를 하지 않도록 하는 것이 최상의 방법이라고 생각한다.

가을은 식욕이 왕성한 계절이라고 과식을 시키는 것은 좋지 않다. 이러한 배려와 노력이 노령의 개에게는 무엇보다도 좋은 약이 될 것이다.

(2) 가을과 식사

날씨가 선선해지면 개도 식욕이 왕성해지고, 체력을 회복하게 된다. 그러나 지금까지 소량의 식사에 익숙해 있던 위에 갑자기 많은 양을 주게 되면 부담이 된다.

아직 식욕과 위의 소화 흡수 능력이 균형 상태가 아님을 염두에 두고 과식이 되지 않도록 제공해야 하며 소화가 잘 되는 영양식을 제공하여 체력 증진에 도움이 되도록 해야 한다.

(3) 늦가을 관리

가을이 깊어감에 따라 개도 겨울 준비를 하는데 긴 겉 털 사이에 짧은 속 털이 빽빽히 자라난다. 이와 동시에 피하 지방도 붙게 되는데 식사도 이에 맞추어 단백질, 고지방 식품을 주는 것이 좋다. 점차로 추워지기 시작하면 디스템퍼나 바이러스성 호흡기 감염이 많이 발생하게 된다. 예방 주사를 맞히는 것이 좋으며 아울러 난방 기구의 점검이나 방한 대책을 세워야 한다.

4) 겨울

(1) 추위에 강한 개와 약한 개

일반적으로 개는 추위에 강한 편이다. 그러나 개의 종류에 따라 추위를 견디는 것에는 많은 차이가 있어 마치 별종의 동물처럼 생각될 정도이다. 그레이하운드, 도베르만 핀셔, 차이니스크레스티드독, 퍼그 등은 추위를 특히 많이 타는 견종이다.

그 외에 추위에 약한 개는 주로 실내에서 자라는 몸집이 작은 개이며 개의 종류에 관계없이 노령의 개나 강아지도 추위에 약하다.

(2) 실내견과 난방 생활

인간과 같은 생활환경에서 지내므로 그다지 신경 쓸 필요는 없지만 난방을 끄고 취침할 때는 밤 동안의 실내 온도가 급격히 하강하므로 이런 때는 실내용 개집에 따뜻한 모포를 깔아주어 재우는 것이 좋다. 또한 겨울에는 전기난로 등의 스위치를 건드려 감전되는 수도 있으며, 난로 옆에 오래 있으면 열사병 등을 일으킬 수 있으니 주의가 필요하다.

(3) 옥외견의 방한 대책

개 스스로 추위에 대한 적응력을 지니고 있으나 북풍이 불어닥치는 장소에서는 견디기 힘들기 때문에 개집을 남쪽 방향의 햇볕이 잘 드는 곳으로 옮기든지, 비가 새는 곳, 눈이 쌓이는 곳 등은 피해 주는 것이 좋다. 처음으로 겨울을 맞는 강아지나 노령의 개에게는 따뜻한 모포를 깔아주는 등의 배려도 필요하다.

(4) 겨울 운동

다른 계절에 비해 운동량이 부족하므로 신경을 써야 하며 운동을 나갔던 개가 젖었으면 감기의 원인이 되므로 반드시 털을 닦고 말려 주어야 한다.

밖에서 운동하는 습관이 없는 개라 하더라도 겨울에는 햇볕이 잘 드는 실내에서 충분히 일광욕과 운동을 시키는 곳이 좋다. 실내에서의 자외선은 약하므로 직사일광을 쬘 수 있도록 고려한다.

(5) 털 관리

겨울은 체온을 유지하기 위하여 피부의 혈관이 수축된다. 혈액 순환을 돕기 위해서도 털 손질은 매일 해 주는 것이 좋다. 털이 더러워지는 것은 여름이나 겨울이나 같지만 겨울의 목욕은 한 달에 한 번 정도로 족하다. 하루 중 가장 따뜻한 때에 빨리 씻기고 말려주어야 하며, 목욕 후 관리에 충분히 신경을 써야 한다.

(6) 식사

실내견은 다른 계절과 비슷하게 사료를 제공하지만 옥외견은 여름에 비해 칼로리 소모가 많아지므로 칼로리가 높고 소화가 잘 되는 식사를 제공하여 추위로 상실되는 에너지의 보급과 피하 지방의 축적에 도움이 되도록 한다. 대부분의 시간을 밖에서 보내는 개들에게는 단백질이 풍부한 사료를 주어 체력을 보강시킨다. 실내에서만 생활하는 개의 경우에는 오히려 다른 계절보다 운동량이 적어지기 쉬우므로 과식하여 비만이 되지 않도록 유의한다. 밖에 물을 떠다 주면 금방 얼게 된다. 겨울에는 더 부지런하게 신선한 물을 자주 공급해준다.

(7) 겨울철 질병과 그 대책

평상시 질병이 있는 개들은 겨울이 오기 전에 미리 체크를 해두는 것이 좋다.

나이가 든 개들은 고관절 질환이나 관절염 등으로 인해 추위가 닥쳐오면 아주 고통스러워 하는 경우가 많다. 특히 갑상선에 이상이 있는 개의 경우에는 추위가 더욱 고통스럽다. 당뇨나 심장병 그리고 신장계의 질병이 있는 개의 경우에도 추위를 잘 이겨내기 어렵다. 그러므로 평소에 비활동적이거나 비만기가 있는 개들은 본격적인 겨울이 오기 전에 골격이나 근육이 약하지 않은지 진찰을 받아보는 것이 좋다.

(8) 호흡기 질병

감기는 겨울에 가장 잘 걸리는 병으로 개의 감기는 사람에게는 전염되지 않는데 이것은 병을 유발하는 바이러스가 서로 다르기 때문이다.

개가 감기에 걸렸을 때에는 무엇보다도 따뜻하게 해주어야 하며 안정시키는 것이 제일이다.

옥외견의 경우는 개집을 따뜻하게 해 주어야 하는데 모포를 충분히 깔아주거나 히터를 사용하는 것도 좋은 방법이다. 또한 개는 감기가 걸리면 냄새를 맡을 수 없어 식욕이 떨어지는데 개가 좋아하는 영양 식품을 주어 체력을 증강시켜야 한다.

(9) 일광욕

실내견의 경우는 일광욕이 부족하여 다리나 허리가 약한 경우가 많은데 특히 겨울은 일조 시간도 짧으므로 날씨가 따뜻한 날은 되도록 일광욕을 시키는 게 좋다.

2. 질병 예방 및 관리

1) 예방접종 시키기

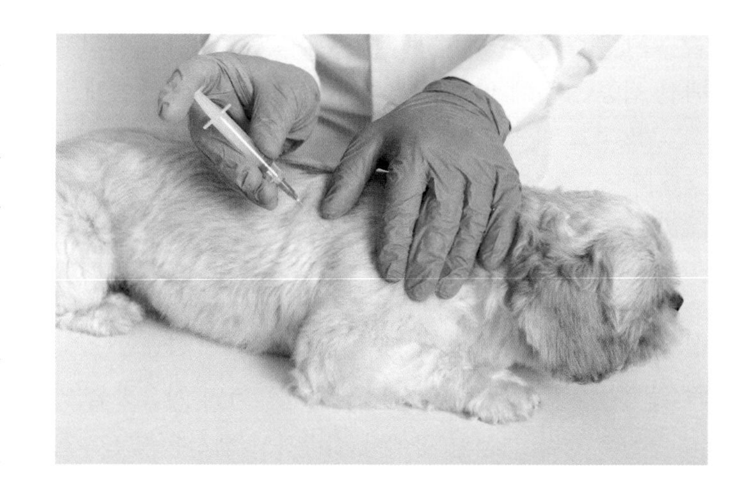

인간과 마찬가지로 애완견에게 예방접종이란 질병을 일으키는 바이러스나 세균 등의 항원을 약화시키거나 죽여서 생체에 접종하는 백신 접종을 말한다. 항원을 접종하면 생체 면역체계에서 이 항원과 싸울 수 있는 항체를 형성하여 해당 질병에 대한 면역력을 가질 수 있기 때문이다. 특정한 질병은 이 예방접종을 통해 감염을 상당 부분 예방할 수 있기 때문에, 개의 건강을 위해서라도 또 개로부터 옮길 수 있는 질병으로부터 가족을 보호하기 위해서도 이러한 예방접종은 필수적이다. 개를 처음 분양받거나 새끼가 태어나면 종합 예방접종(DHPPL), 코로나 장염

백신, 켄넬 코프 및 광견병 등 예방접종을 마쳐야 한다.

또 이렇게 접종을 하는 기간 동안 기생충 구충제, 심장사상충 예방약 등 다른 질환이 예방약 등을 때에 맞춰 먹여야 한다. 이들 백신이나 약품 중에서 서로 충돌하면 치명적인 증상을 일으키는 것도 있으므로 예방접종 기간 동안 다른 약품의 복용은 반드시 수의사의 지시에 따라야 한다.

(1) 종합백신

예방접종은 항원(병원체)을 주사하여 항체(면역체)를 만드는 것으로서 병에 걸리는 것을 사전에 방지하기 위하여 실시하는 것이다.

생체 내에 세균이나 바이러스 등의 항원(병원성이 있는 병원체)이 침입했을 때 항원(병원성이 없는 병원체)과 결합하여 복합체를 형성하는 물질을 항체(면역체)라고 한다. 항체는 혈액 속의 감마 글로블린(Gamma Globulin)이라는 성분에 들어있다. 병원체의 모양은 그대로이지만 병원성을 제거한 것을 항원이라고 하는데 이를 체내에 주사하면 몸의 반응으로 2-3주일 안에 항체가 형성된다.

백신 접종 2-3일 전에 면역 증강제 또는 개 감마 글로블린을 주사하면 항체 형성을 도와 백신의 효과를 2배로 상승시킨다. 태어난 강아지에 대한 접종 시기는 모견의 백신 접종 유무에 따라 달라진다. 출산 전에 모견에게 종합 백신을 접종했다면 자견은 생후 8주부터 접종을 시작하고 만약 모견에게 백신을 접종하지 않았다면 생후 6주부터 접종한다.

종합 백신에는 D(디스템버), H(전염성 간염), P(파보 바이러스), P(파라인프루엔자), L(렙토스피라)의 5종이 복합되어 있다. 반드시 건강한 개에게만 접종을 하고 컨디션이 나쁘거나 기침, 설사 등 건강이 좋지 못할 때는 회복한 후에 접종한다. 그리고 백신은 고온에 약하므로 언제나 2-5℃의 저온 상태에서 보관하며 직사광선을 피해야 한다.

백신은 항상 그늘진 곳에서 접종하고 백신을 맞은 개는 하루 동안 그늘진 곳에 있도록 한다.

표 3-3 **예방 접종 프로그램**

종 류	횟 수	면역이 안 된 모견의 자견	면역이 된 모견의 자견
파보백신	1차 접종	생후 4주	생후 6주
D.H.P.P.L	1차 접종	생후 6주	생후 8주
	2차 접종	생후 10주	생후 12주
	3차 접종	생후 14주	생후 16주
	4차 접종	생후 18주	생후 20주
	5차 접종	생후 22주	생후 24주
D.H.P.P.L	성 견	매년 1회 추가 접종. 모견은 매년 봄, 가을 2회 접종	
광 견 병	1차 접종	생후 3-5개월	
	2차 접종	생후 12개월	
	성 견	매년 1회 추가 접종	

(2) 광견병 예방접종

광견병은 야생 온혈동물에게 물린 개나 고양이들의 신경계를 침입하여 감염되는 질병이다. 흔히 알고 있듯 행동이 난폭하게 변화하고 공격적으로 되며, 동공이 확장되고 목소리가 변하고, 심한 불안감과 침울함을 보이기도 한다. 사람을 물 경우에는 사람에게도 치명적인 결과를 가져오기 때문에 법정 전염병으로 분류되어 있다. 광견병 예방접종은 생후 3개월 이상 된 강아지에게 1회 접종하고 6개월이나 1년 주기로 재 접종시켜야 한다. 여기서 잘 알아야 하는 점은 개는 사람처럼 한 번 접종하면 평생 동안 면역을 갖거나 수년 동안 면역이 유지되지 못한다는 점이다. 그렇기 때문에 항상 일정한 수준의 항체를 유지하기 위해서는 1년에 1회 이상 추가 접종을 반드시 해주어야 한다. 종합해보면 생후 첫해에는 네 가지 기본적인 예방접종은 그 스케줄에 따라 맞게 하고, 1년 사이클로 재접종을 하되, 더 정확히 하기 위해서는 예방접종 전에 항체형성 여부를 알아보는 검사를 해주는 것이 좋다. 쉽게 생각하면 태어난 첫 해에는 6~8주 후부터 2주 정도 간격으로 총 5회 병원을 방문해서 접종을 하고, 그 다음부터는 1년에 한 번씩 접종하는 것이 좋다.

(3) 모체의 이행 항체와 초유의 중요성

강아지는 태어나기 전에 모체로부터 기본적인 항체를 제공받는다. 이를 모체 이행 항체라고 한다. 하지만 이것만으로는 면역성이 매우 부족하다. 강아지가 외부 환경으로부터 병에 대한 저항력이 강해지기 위해선 어미 견에서 나오는 초유(출산 후 1주일 정도 어미 젖에서 단백질이 많은 고농도 농축으로 나오는 모유)를 반드시 먹여야 한다.

초유가 중요한 이유는 모체 이행 항체의 전달 비율을 보면 쉽게 알 수 있다.

즉 모체 이행 항체의 5-10%만이 태내에 있을 때 태반을 통해 전달되고 나머지 90-95%는 초유를 통해 강아지에게 전달되기 때문이다. 초유는 강아지의 발육과 연관될 정도로 아주 질 좋은 모유이다. 초유를 통해 전달된 모체 이행 항체는 십이지장과 소장 상부에 흡수되는데 시간이 지나면 강아지의 면역 글로블린 흡수율이 급격히 떨어지기 때문에 아무리 많이 먹여도 별 효과가 없다.

초유로부터 생긴 항체는 시간이 지나면서 점차 면역성이 떨어지게 된다. 그래서 종합 백신을 주사해 주어야 한다. 1차 접종은 생후 6-8주에 실시하고 2차 접종은 생후 10-12주, 3차 접종은 14-16주 사이에 해주면 된다. 3차 정도 접종을 해주면 어느 정도 높은 면역성이 확보되지만 좀 더 완벽한 면역이 되기 위해선 5-6차 접종까지 해주길 바란다. 6차 접종까지 했다면 그다음부터는 1년에 한 번씩 추가로 접종해 주면 된다.

일부 애견가들은 강아지 때 몇 차례 접종만으로 평생 100% 면역성이 생겼다고 생각하는데 이는 크게 잘못된 생각이다. 항체는 시간이 지나면 조금씩 감소하기 때문에 꾸준히 접종해 줘야 면역성이 떨어지지 않는다.

어미 개의 경우는 교미시키기 1-2주전에 접종을 해서 강아지에게 전달될 모체 이행 항체를 늘려줘야 한다. 그러나 정기적으로 봄, 가을 2회 접종을 했다면 교미 전에 접종할 필요는 없다.

2) 구충

설사를 하거나 먹는 것 없이도 배만 불룩하던지 이물질을 자주 주워 먹으려 할 때, 개의 혀나 잇몸을 관찰해 보면 희게 변색이 되어 있는 것을 볼 수 있고, 눈꺼풀을 뒤집어 보면 눈동자 윗부분이 심하게 충혈되어 있고, 심하면 변에 피가 섞여 나오는 경우 대개 장이 무엇인가에 침해를 받고 있다는 것을 의미한다. 이때는 개의 변을 잘 관찰하여 기생충이 있는지 확인해 보아야 한다.

개에 있는 기생충은 회충, 십이지장충, 촌충, 편충, 콕시디움, 심장사상충 등이 있고 일반적으로 회충, 촌충, 십이지장충 등이 개에게서 자주 보이는 주요 기생충이다.

이 중 개에게 치명적인 문제를 유발하는 심장사상충은 모기가 매개체이며 주로 심장에 기생하는데 감염 시 사망률이 높은 편이다. 따라서 예방약을 주기적으로 투여하고 사상충에 걸린 개는 특별치료를 해야 한다.

이제 가장 흔한 기생충은 회충이다. 개의 회충은 작은 창자에 알을 낳는데 보통 성충 한 마리가 하루에 10-20만 개의 알을 낳는다고 한다. 알은 변에 섞여 밖으로 나오고 땅바닥 등에서 1주일 정도 자란다. 이때 개가 흙을 먹거나 땅바닥에 떨어진 이물질을 주워 먹을 때 회충 알은 입이나 코를 통해 개의 몸속으로 들어간다. 이렇게 해서 일단 몸속으로 들어간 회충 알은 작은 창자의 벽을 뚫고 간으로 가서 10일 정도 더 자란 후 폐를 거쳐 기관지에 있다가 기침할 때 가래에 섞여 입으로 나왔다가 침을 삼킬 때 위를 통해서 작은 창자로 들어가 정착하고 자라게 된다. 회충 알은 이러한 과정을 거쳐야만 성충이 된다.

기생충은 개로부터 영양분을 빼앗아 갈 뿐 아니라 각종 급성, 만성 질병을 발생시킨다.

장내 기생충의 감염이 심하면 각종 전염병에 대한 면역 능력이 저하되어 예방 주사를 맞아도 쉽게 전염병에 걸린다. 더욱이 유충은 장벽을 기계적으로 자극하거나 체내 각 장기로 이동하면서 간을 손상시키거나 폐렴 등의 심각한 질병을 유발시키기도 한다.

구충은 강아지 때부터 정기적으로 실시해야 한다. 어린 강아지도 어미의 태반을 통해 기생충이 감염되어 배 속에 2-5cm나 되는 커다란 회충이 들어 있는 경우가 있기 때문에 늦어도 생후 3주경에는 반드시 구충을 시켜야 한다.

종합 구충 횟수	1차	2차	3차	4차	5차	6차	7차	8차	9차
시기(단위: 생후)	2주	4주	8주	12주	16주	5개월	7개월	9개월	12개월
성견은 봄, 가을에 2회 구충하고 1회 구충할 때마다 7-10일 뒤에 한 번 더 구충한다.									
모견은 교배시키기 1-2주 전 반드시 구충한다.									

성견은 봄, 가을에 구충하는데 1회 구충할 때마다 10일 뒤 알에서 깨어나는 충을 잡기 위해 한 번 더 추가 구충한다.

모견은 교배시키기 1-2주 전 미리 구충하여 태아가 건강하게 자라도록 한다.

그리고 간혹 한 번씩 변을 채집하여 동물 병원에 가서 변 검사를 해 보는 것도 좋다.

3) 구루병

영양의 불균형에 의해 뼈가 약해지는 병으로 생후 2-3개월 된 강아지에게 많이 발생하며 주로 어미젖이 부족했던 강아지, 영양가 없는 사료를 먹여 비타민A와 칼슘이 부족한 경우나 일광욕을 충분히 시켜주지 못해 비타민D가 결핍된 상태일 때 걸린다. 또 운동 부족이나 기생충 감염도 발병의 원인이 될 수 있다.

칼슘, 인, 비타민D 등이 부족하면 뼈의 석회 침착 저하, 골단의 비대, 장골의 만곡 등이 일어나 구루병 증상을 야기시키는데 처음에는 앞다리의 발목 부분이 굵어지고 발바닥이 벌어지며 다리가 O자 형이나 X자 형으로 휘어지거나 L자 형으로 발목이 주저앉는다.

이러한 증상이 맨 처음 나타나는 것은 체중이 앞다리에 가장 많이 실리기 때문이다.

그다음에는 광대뼈의 돌출, 늑골 혹의 돌출 등, 기타 몸의 여러 곳에서 뼈에 의한 이상 증상이 나타난다.

구루병을 치료하기 위해서는 칼슘제를 많이 먹이거나 주사한다. 칼슘제는 구루병 외에도 골연증, 산후 쇠약 등의 칼슘 대사 장애의 예방과 치료에도 도움이 된다. 또 충분한 일광욕과 운동을 시켜준다. 그리고 버터, 치즈, 멸치, 영양제, 계란 노른자, 우유 등을 아주 소량만 먹인다. 고칼로리로 적게 먹이는 이유는 체중을 줄이기 위해서인데 체중을 줄여야만 뼈의 하중을 덜어 휘어진 뼈를 바로 잡을 수 있기 때문이다.

X자 형과 O자 형은 100% 완치가 힘들다. 반면에 L자 형은 상대적으로 칼슘을 보충하고 체중을 줄이면 비교적 쉽게 고칠 수 있다.

개가 구루병에 걸리는 것을 예방하려면 강아지 때부터 너무 체중을 불리지 않도록 주의해야 한다. 그리고 정기적으로 종합 구충을 해주고 철분과 칼슘이 많은 음식을 먹인다.

아울러 충분한 일광욕과 적당한 운동을 시켜주면 구루병을 쉽게 예방할 수 있다.

4) 디스템버(홍역)

개 홍역이라 불리는 이 병은 생후 4-5개월 된 강아지에게서 많이 발생한다. 바이러스에 의해 생기는 개 특유의 전염병으로 사망률이 매우 높은데 디스템버 바이러스가 1차 병원체이고 기관지 패혈증균이 2차 병원체이다.

감염 경로는 다양하다. 공기 중의 바이러스가 호흡 시 코를 통해 감염되는 경우가 있으며 감염된 개와의 접촉에 의해 감염되기도 한다. 그외 자리나 기물, 사료, 물 등이 오염되었을 때 이것들과의 접촉을 통해 감염된다. 일단 바이러스가 기도를 통해 몸속에 들어오면 위장, 폐, 심장, 뇌신경 등 중요 기관에 침투하여 증상을 유발하게 되는데 첫 번째 증상으로는 눈의 결막이 충혈되고 발열이 심해지며 호흡이 빨라진다. 병이 악화될 수록 기운과 식욕도 점점 더 떨어지고 눈곱이 많이 낀다. 간혹 설사를 하거나 기침을 하기도 한다.

그다음엔 코가 마르고 심한 구토 증세를 보이는데 더 진행되면 비염이 발생하며 재채기를 하면 찐득 찐득한 콧물이 튀어나온다. 그러다가 누런 콧물이 나온다. 누런 콧물이 나오면 디스템비에 감염되었다는 것이 거의 확실하다.

그러나 콧물이 나오지 않고 곧바로 폐렴을 일으키는 경우도 있는데 이것은 건성 디스템버에 걸렸을 때 나타난다.

디스템버는 유형에 따라 여러 가지가 있는데 뚜렷한 구분은 없고 혼합된 상태가 많다.

(1) 소화기형

구토를 동반하는 것도 있으나 주로 설사를 한다. 심한 경우 물 같은 점액이나 혈액이 섞여 나오고 체온은 약 40℃ 정도이며 식욕감퇴, 탈수, 전신쇠약에 빠진다.

이 형은 비교적 가벼운 증상이므로 영양과 수분의 보급이 적절하다면 쉽게 회복된다.

(2) 호흡기형

기관지염이나 폐렴을 일으키기 쉽다.

41℃ 이상의 고열이 나고 호흡이 절박해져(40-50회/1분) 콧구멍이 벌렁거린다. 시간이 지남에 따라 신경 이상의 증상으로 진행되는 경우도 있다.

(3) 뇌 신경형

안면에 가벼운 경련을 일으키고 우울해지거나 흥분 상태를 보인다. 대개 2-3일 후엔 간질병 같은 발작을 하루에 몇 번씩 반복한다. 복부나 가랑이 사이에 수많은 농진이 생기거나 눈에 각막염을 일으킨다. 디스템버의 발병까지는 3-4주 정도로 상당히 길다.

그러나 요즘은 3-4일 만에 급성으로 신경증상을 보이는 개들이 늘어나고 있다.

이 경우엔 개의 고통을 덜어주기 위해 안락사를 선택하는 경우가 많다.

(4) 경지증형

병의 경과가 오래 지속되면 비경과 발바닥이 굳어져 걸을 때 소리가 날 정도가 되는데 이를 경지증이라고 한다. 주로 늙은 개에게 많고 뇌에 병을 일으켜 90% 이상이 사망할 정도로 사망률도 매우 높다.

디스템버를 예방하기 위해선 고단백 영양식품과 비타민C를 많이 먹이고 무엇보다도 평소 주위를 철저히 소독해 청결해야 한다.

그리고 종합 구충과 종합 백신 등으로 사전에 예방하는 것이 최우선이다.

5) 전염성 간염

병든 개의 오줌이나 변에 있는 바이러스가 입을 통하여 전염되는 병이다. 잠복기는 5일쯤이고 발병하면 고열이 나고 입과 눈의 점막이 충혈된다. 그리고 편도선이 붓고 눈곱이 많이 끼며 구토와 설사를 한다.

디스템버와 증상이 비슷하긴 하지만 전염성 간염의 경우 앓는 기간이 1-2주 정도로 비교적 짧고 회복기에는 눈의 각막에 흐리게 뿌연 막이 끼는 경우가 있다. 심하면 눈동자 가운데 부분이 오목하게 들어가면서 곪아 버리는 수도 있다. 눈동자를 햇빛에 보았을 때 약간 푸른빛을 내면 생리 식염수로 잘 닦아준 다음 안약을 넣어준다. 그리고 고단백질 음식을 먹이면 자연히 치료된다.

임신견이 이 바이러스에 감염되면 태아까지 그 영향이 미치는데 분만된 강아지는 수일 내에 모두 죽고 만다.

6) 파보(장염)

전염성 장염을 일으키는 바이러스로 사망률이 아주 높은 무서운 바이러스다. 보통 3-4일간 잠복기를 거친 후 장의 점막 표면에 흡수되어 세포 조직을 파괴한다.

이 병에 걸리면 식욕 부진, 구토, 고열, 심한 혈변과 탈수를 일으킨다. 변에선 아주 심한 악취가 난다. 초기에 발견해서 치료하면 아무것도 아니지만 치료시기를 놓치거나 예방 접종을 맞지 않은 개는 1주일 이내에 폐사되고 만다.

파보와 비슷한 코로나 바이러스라는 것이 있는데 증세는 파보와 같이 심한 탈수 현상과 혈변을 보인다. 그러나 파보와 다른 점은 파보의 경우 짙은 팥죽 같은 혈변을 보면서 아주 심하게 썩는 냄새를 동반 하지만 코로나 바이러스는 엷은 핑크 색의 혈변을 보면서 냄새도 파보보다는 덜하다. 그리고 파보는 무기력해지고 움직이지 않으려고 하며 사망률도 높지만 코로나는 식욕도 평소와 같고 기력도 활기가 있고 컨디션도 그렇게 떨어지지 않을 뿐만 아니라 1-2주 내에 자연적으로 회복된다. 언뜻 보면 같은 증상이지만 내용상으로는 전혀 다른 병이므로 잘 관찰해서 적절히 치료해야 한다.

또한 파보에는 심장형이 있는데 심장형은 급성으로 심근 괴사 및 심장 마비로 이어져 급사하는 경우가 많다. 아주 건강한 개가 별 다른 증상 없이 갑자기 침울한 상태로 변하고 손 쓸 틈 없이 죽어 버리는 무서운 병이다.

따라서 무엇보다도 예방이 중요하다. 주위를 청결히 하고 개가 길을 다니면서 땅에 냄새를 맡지 못하도록 길들여야 한다. 그리고 정기적으로 구충을 해주고 예방접종을 해줘야 한다.

예방접종은 강아지 때 해줘야 하는데 1차 접종 시 25% 정도, 2차 접종 시 35% 정도, 3차 접종 시 50-60% 정도, 4차 접종 시 75-90% 이상의 면역이 된다. 그렇다고 100% 면역은 없다.

7) 파라 인플루엔자(감기)

파라 인플루엔자 바이러스는 기관지염이나 감기를 유발하는 여러 원인들 중 하나다. 전염성이 커 인접해 있는 개들 사이에 급격히 퍼져 나간다.

이 질병은 마른 기침, 식욕 감퇴, 의기 소침 등의 증세를 보이고 콧물과 눈물이 흐른다. 만약 이 질병을 가볍게 보아 넘겼을 경우 개의 호흡기 계통에 심한 손상이 초

래될 수 있으며 심하면 폐렴으로 이어지고 또한 병이 오래 가면 디스템버로 2차 감염이 되어 신경 증상으로 전락하여 사망하게 된다.

보통 환절기에 많이 발병하며 켄넬코프라는 병도 이와 비슷하므로 증상을 잘 살펴보기 바란다.

감염을 방지하기 위해선 견사가 잘 환기되도록 하고 청결한 환경을 유지시켜야 한다. 그리고 정기적인 소독과 백신 접종으로 예방하는 것이 좋다.

04 기본 훈련

1. 훈련의 기초 이해

1) 훈련의 중요성

Sally Stiles는 "당신이 개에게 보여줄 수 있는 가장 큰 사랑은 그 개가 훈련을 통해서 똑바로 명령에 따를 수 있도록 하는 것이다. 반대로 개에게 가장 혹독한 것은 훈련을 받지 못한 채로 쇠사슬에 매어 있을 때 그 개가 받아야 할 고통은 죽음과도 같은 것이다."라고 말하면서 훈련의 중요성을 일깨워 준다.

인간과 개 상호간의 유대관계와 애정을 깊게 만들어 나가기 위해서 기본훈련은 애견가의 사명감이라고 해도 과언이 아니다.

훈련 성능은 견종의 종류와 부모견에 따라 다른 것이 사실이다. 그럼에도 불구하고 모든 개에게 기본훈련을 등한시한다면 개와 보다 깊은 교감을 나누기 어려워진다.

특히 군용견과 경찰견, 마약견, 폭발물 탐지견, 맹인의 길잡이로서의 맹도견 등은 그 기능의 모든 것이 훈련을 통해서 이루어지며, 일정 수준의 기능을 요구하지 않는 반려견의 경우에도 기본훈련은 보다 원활한 생활을 하기 위해 반드시 필요하다.

2) 친화의 중요성

친화란 훈련에 들어가기 전에 필수적으로 거쳐야 하는 단계이며, 만약 이 과정을 무시한다면 바른 훈련은 절대 성립될 수 없다. 개라는 동물은 야생시대로부터 지금까지 인간의 끊임없는 노력으로 인해 오늘날과 같이 변모하였지만, 아직도 개들이 가지고 있는 잠재적 야성 본능이나 경계 본능으로 인해 친화는 그리 쉬운 일이 아니다.

친화는 단순히 먹이 등으로만 친화가 이루어지는 것은 결코 아니고, 사육자나 훈련사가 진심으로 대해주는 따듯한 마음에서 생겨난다. 부수적인 방법으로 먹이, 견사 청소, 운동, 침식 등 여러 가지 방법이 있겠으나 이것은 모두가 평범한 방법에 지나지 않으며 역시 '깊은 애정'이야말로 최고의 친화 방법일 것이다.

학술 자료에 의하면 친화는 경계 단계로부터 출발하여 경계심의 감퇴에서 안심이 발생하며, 경계심의 해제에서 안심감의 고정이 되고, 안심감의 고정에서 친근감이 발생한다고 한다. 친근감의 고정으로 충실성이, 충실성의 고정에서 친근감의 절대화가 이루어지게 된다.

3) 성격 교정

사람의 성격도 여러 가지가 있다. 마음이 급한 사람이 있는가 하면 느긋한 사람이 있고, 대범한 사람과 명랑 활발한 사람의 순으로 구분되듯이 훈련사 자신은 어떤 유형에 속하게 되는가를 스스로 판단하고 훈련에 대처하는 것이 필요하다.

또한 개들도 천차만별의 다양한 기질로 나눠어진다. 격하기 쉬운형, 둔한형, 활발형, 얌전형 등으로 구분되나 훈련사의 입장에서 개의 하나하나 동작과 행위에 대해 예리한 관찰이 절대적이며 이를 뒷받침해서 개들의 성질을 파악하고 읽어 내어 인내와 노력으로 교정해 가야 한다.

즉, 마음이 대범한 개, 산만하며 침착하지 못한 개, 겁이 많아 좀처럼 곁을 주지 않고 경계하는 개, 도주의 본능에 의해 도망치려는 개, 의욕이 없어 쉽게 진력을 내는 개 등 다양함으로 이를 교정하려면 훈련을 시작하기 전에 우선 그 유형을 정확하게 파악하는 것이 중요하다.

개가 훈련을 잘 수행하기 위한 요소와 특성은 크게 감수성, 대담성, 지성, 집중성, 순응성, 행동성이다. 그러나 이와 같은 구비 조건을 완전히 갖춘 개는 없고 좀 부적당한 소질과 조건을 갖추었다고 할지라도 훈련사의 부단한 노력으로 차츰 발전을 할 수 있다.

단시간 내에 무리하게 성격, 성질 교정을 요구한다면 기본훈련의 단계조차 도달하지 못할 것이다.

훈련을 하기 위한 성질의 교정은 선천적이든 후천적이든 수단과 방법을 면밀히 연구하여 차후 훈련에 지장을 초래하지 않도록 항상 교정해야 한다.

4) 시간 장소

훈련이란 개의 심리를 잘 이용하여 개가 지닌 본능을 억제하고 요구되는 성능을 백분 발휘할 수 있도록 연구 노력하는 것이다.

개가 훈련에 흥미를 잃지 않고, 환경이나 시간적 변화에도 적응하며, 산만하지 않고 집중할 수 있는 능력을 키우는 것에 대해 훈련하는 장소와 시간은 매우 중요한 요인이다.

훈련을 전혀 받지 못한 초보견의 경우 훈련 시 장소와 시간의 개념을 무시하면 후일, 훈련견으로서의 좋은 성과는 기대하기 어렵다.

최초의 시작은 좁은 장소를 선택해야 개가 산만하지 않고 훈련사의 명령에 잘 움직일 수 있다. 역시 시간도 새벽이나 야간을 이용해야 산만해질 수 있는 요소를 제거할 수 있을 것이다. 주위의 장소가 넓고 사람들의 왕래가 빈번하며 자동차의 경적 등이 있는 곳은 훈련 장소로 부적당하다. 개의 청각 기능 및 감지 능력은 사람의 200배 정도이고 사람의 경우 목표물 낙하로 인한 위치 감지의 능력이 16방향인데 반해 개는 32방향일 정도로 민감하므로 개가 산만해질 수 있는 요소를 배제하는 것은 매우 중요한 부분이다.

훈련이란 최상의 컨디션과 정서적인 분위기를 요구하며 훈련이 어느 정도까지 도달했을 때야 비로소 장소와 시간에 구애됨이 없이 능력을 충분히 발휘한다.

또 개가 발휘할 수 있는 집중력의 한계에 대한 조사에 따르면 훈련이 거의 완벽한 수준에 도달한 개라고 할지라도 일정 수준의 작업 능력은 약 한 시간 내외라고 한다.

장소와 시간의 이용을 유효 적절하게 사용함으로써 의욕적인 집중성과 지구력을 날로 향상시킬 수 있고, 훈련을 지도하는 사람도 그 의욕이 더해 갈 것이다.

5) 개를 이해하는 역지사지

개는 자신을 단순한 애견으로 생각하기보다는 인간 가족의 일원으로 생각하는 듯하다. 개는 그들의 종족보다는 인간에게 더욱 강한 애정을 가지고 있는 동물임에 틀림없다. 그것은 그들이 낳은 새끼는 오랫동안 기억을 못 해도 자기 집 주인 가족에 대해서는 많은 시간이 흘러도 잘 기억하고 있기 때문이다.

아마 이런 현상은 수 세기 동안 인간과의 밀접한 생활에서 비롯된 것 같다.

그러나 이러한 지속적이고 오랜 유대 관계를 가졌음에도 개와 인간은 대화로 의사를 나눌 수 없고 개 스스로는 인간의 요구를 스스로 인식하여 행동으로 옮기지도 못한다. 개는 눈과 귀, 코로 확인할 뿐이다.

주인이나 훈련사의 의사를 전혀 이해하지 못할 뿐 아니라 자기 스스로 생각하여 처리할 능력이 없다.

이러한 특징과 단점을 지닌 개에게 사람의 입장에서 사고하고 행동하도록 요구하며 자기의 뜻대로 되지 않는다고 큰소리로 폭언을 마구 내뱉는다면 인간은 개에게 곧 공포의 대상이 될 뿐이다.

또한 이러한 행위는 개 본래의 활발하고 명랑한 성품을 나쁘게 바꿀 수도 있다.

개와 사람과의 의사 전달이 가능하게 하려면 예를 들어 정원의 잔디나 나무를 훼손했다거나 옷가지 신발 등을 물어뜯었을 때, 대소변을 지정한 장소가 아닌 다른 장소에 배설했을 경우 분명히 개 자신이 잘못했다는 것을 심어주기 위해 극히 짧은 시간 내에 그곳으로 데리고 가야 한다. 그리고 그곳에서 잘못된 것을 확인시켜 주고 냄새를 맡게 하며 알아들을 수 있도록 꾸짖어 기억하도록 만들어야 한다. 만약 상황이 발생된 후 일정한 시간 이후에 전혀 다른 장소에서 타이르고 꾸짖으면 개는 이해하지도 기억하지도 못한다.

훈련의 과정도 마찬가지이다. 훈련사가 개에게 어떤 자세를 가르쳐 주기 위해 여러 가지 방법과 조건 및 행동으로 유도하는 과정에서 원하는 자세를 취할 때는 충분히 칭찬을 해준다.

이와 같은 칭찬은 훈련사가 원하는 것을 개 스스로 이해하고 기억하여 차후 지도수의 똑같은 지시나 행동으로 인해 반사적으로 자세를 취한다. 이것을 조건에 의해 반사가 일어났다고 하여 조건반사 훈련이라고도 한다.

개는 한 번이라도 체험해 본 경험이 있어야 그와 비슷한 과정을 응용할 수 있으며 전혀 체험해 보지 못한 것에 대해서는 개 스스로 생각하고 이해하며 판단하는 일은 없다.

좋은 훈련 결과를 얻기 위해서 훈련사는 모든 것을 개의 입장에서 생각하지 않으면 안 된다.

6) 훈련 시기

개의 훈련 시기의 선택은 매우 중요하며 신중히 고려해 볼 문제이다.

기초 과목의 선택은 물론 인위적으로 제한된 행동만을 요구하게 되는 훈련의 적기는 개체의 특성마다 다르겠지만 대략 생후 6-8개월 때가 이상적이다. 이 시기는 개의 본능적 유희성으로 인하여 명랑 쾌활하며 사물에 대한 주의력과 강한 호기심 등이 대단히 의욕적으로 반응을 나타낸다.

또한 훈련사에 대해서도 적응이 빠르다. 소질, 체질, 품성에 약간 결함을 지니고 있어도 적절한 훈련의 시기 선택과 훈련사의 부단한 노력 여하에 따라 대부분 교정이 가능하다.

특별히 몹시 예민하고 겁이 많다든지 산만 또는 우둔한 개도 훈련 시기를 잘 선택하고 지속적인 훈련사의 노력으로 어느 정도 교정이 가능하다.

훈련 적령기의 유리한 조건을 무시하고 자기 가족의 일원인 반려견을 방치해 버린다면 나쁜 악습이 고정되고 고집이 강하게 작용하여 후일 훈련을 시킬 때 커다란 장애 요인이 된다.

시기를 잘 맞춘 개의 훈련은 그 개의 능력을 역량껏 발휘할 수 있고 잘못된 성격의 교정 등 불가능을 가능으로 바꿀 수 있다.

2. 배변 훈련

1) 모든 훈련의 기초가 되는 배변 훈련

개를 기르려고 하는 사람들의 최대의 고민은 개의 배변 문제를 어떻게 해결해야 하는가 하는 점이다. 보통 많은 애견인들이 배변 훈련을 매우 어려운 것이라고 생각하는 경향이 있는데 그렇지는 않다. 원래 개의 본성상 자신이 살고 있는 영역에 배변을 하지 않으려고 하기 때문에 강아지 때 잘 훈련시키면 빠르게는 2~3일, 늦어도 2주 정도면 배변 훈련을 시킬 수 있다. 반려견의 배변 훈련은 가능한 한 어렸을 때 빨리 하는 것이 좋다. 그러므로 새로 분양을 받아 집에 데려온 후 2~3일의 적응기간을 거친 다음, 바로 배변 훈련을 시키는 것이 좋다. 배변 훈련은 다음의 규칙대로 수행하면 어렵지는 않지만, 많은 시간을 투자해야 하는 훈련 과정이므로 견주가 직접 할 수 없는 경우에는 집안에 오래 체류하는 다른 가족의 도움을 받아야 한다.

배변 훈련은 인내심을 필요로 한다. 모든 훈련이 마찬가지지만, 하루 이틀 해보고 성과가 없다고 해서 포기해서는 배변 훈련을 시킬 수 없다. 또 한 가지 배변 훈련을 위한 덕목은 세심한 관찰력이다. 배변 훈련을 할 때 원치 않는 곳에 배변을 하게 되면 바로 깨끗이 청소해주는 것이 중요하기 때문에 이 기간 동안에는 늘 반려견을 세심히 관찰하고 있어야 한다.

애견이 잠에서 깼을 때, 음식물을 먹거나 물을 마셨을 때, 견주가 외출에서 돌아오는 등 애견이 아주 흥분되었을 때, 산책이나 놀이 직후 등이 배변 훈련을 시도하기 좋은 때이다.

2) 외출이나 산책 시 배변 훈련

실내에서 생활을 하지 않는 반려견의 경우에는 외출이나 산책 시 배변을 하도록 훈련하는 것이 좋다. 강아지를 밖에 데리고 산책을 할 때 처음에는 어디든 원하는 곳으로 자유롭게 갈 수 있도록 끈을 느슨히 해준다. 물론 자동차 등 치명적인 위험이 없는 상황이어야 한다. 강아지가 배변을 하면 부드러운 말로 칭찬해준다. 집에 있을 때 배변을 하면 배변 중에 있을 때 혼을 내고, 배변한 자리에 냄새가 배지 않도록 깨끗이 닦아낸다. 시간이 지나서 혼을 내면 개는 자신이 혼나는 이유를 알지 못한다.

하루 2회 정도(아침 일찍, 저녁 먹은 후) 산책을 정기적으로 시키고 이때 배변을 하도록 유도한다. 밖에서 배변을 한 후에는 배변 봉투로 깨끗이 치우는 것은 기본 에티켓이다.

대부분의 애견들은 산책에서 돌아올 때 집안에 볼일을 보기 쉽다. 이것을 피하기 위해서는 산책 때 배변을 하지 않은 경우에 산책 직후에 바로 강아지를 화장실로 데리고 가야 한다. 애견 옆에서 대기한 채, 선 자세로 애견이 주인이 곁에 있다는 것에 관심을 가지지 않을 때까지 기다린다. 이때 애견 옆에 앉지 말아야 하는데 앉게 되면 애견이 주인에게 관심을 가지고 뛰어오르는 등 행동을 하면서 배변 행위에 집중을 하지 않기 때문이다. 원하는 대로 배변을 하면 칭찬을 해준다. 이때 실수로라도 절대 부정적인 행동(꾸짖기, 때리기 등)을 해서는 안 된다. 배변 훈련의 가장 큰 원칙은 원하는 곳에 원하는 시간에 배변을 했을 때 확실하고 재빠르게 칭찬을 해주는 것이다. 칭찬은 쓰다듬어 주며 "잘했어" 하고 다정하게 말을 건네거나, 간식을 주는 방법 등 다양하게 할 수 있다. 배변 후 5초 이내에 바로 칭찬해 주는 것을 잊지 않아야 한다.

3) 목줄을 이용한 배변 훈련

실내에서 생활하는 반려견의 경우 배변 시 특유의 행동(낑낑거림, 냄새 맡음)을 할 때 목줄을 맨 다음 화장실로 데리고 가는 방법이다. 이때 주의할 점은 개를 들어서 옮기지 말아야 한다는 점이다. 그렇게 하면 화장실로 가는 루트를 기억할 수 없다. 이 훈련은 처음 집에 데려온 다음부터 바로 해야 한다. 화장실이나 애견용 변기, 신문지 등 원하는 장소로 목줄을 이끌어 데려간 다음, 역시 목줄을 이용해 그 장소에서 벗어나지 못하도록 한 다음, 말로 계속 배변을 격려해준다. 어린애에게 하듯이 '응가' 하고 격려해주거나 부드러운 말로 유도한다. 배변을 하면 즉시 칭찬해준 다음, 약간의 배변냄새가 남도록 치운다. 신문지라면 냄새가 묻은 밑종이를 남겨두고 그 아래 새 신문지를 깔며, 배변매트를 사용한다면 소변 묻은 것이 약간 남도록 치운다. 매번 배변을 하는 동안 이 과정을 짧게는 2~3일, 길게는 1주일 정도 지속하면 대부분 훈련에 성공한다. 적당히 훈련이 끝났다고 생각되면 알아서 화장실을 찾아가는지 잘 관찰하고 화장실이 아닌 곳에 배변을 하면 배변을 하는 동안 따끔하게 혼낸 다음 화장실로 바로 데리고 가야 한다. 물론 엉뚱한 곳에 한 배변 냄새는 탈취제까지 사용해서 완전히 없앤다.

4) 크레이트 훈련

크레이트(개장) 훈련은 배변 등 실내견의 규칙적인 일상생활을 위한 가장 뛰어난 훈련방법으로 꼽힌다. 개는 자기만의 장소를 갖기 좋아하는 습성을 갖고 있기 때문에, 감옥 같은 느낌이 들지 않을까 하는 우려는 할 필요가 없다. 크레이트 훈련은 실내견, 실외견 모두에게 적합한 훈련이지만 규칙적으로 개를 돌보는 등 훈련기간 동안 투여되는 시간을 감당하기 힘든 경우라면 적합하지 않다. 크레이트 훈련을 잘 마치고 나면 개는 크레이트에서 배변을 하지 않고 깨끗하고 편안하게 쉬는 법을 익히게 된다.

크레이트 훈련에 적합한 개장은 문이 달려있고, 통풍이 잘 되며, 개가 밖을 볼 수 있는 형태여야 한다. 플라스틱 이동장도 좋다. 크레이트의 크기는 개가 기지개를 켜고 장난감을 갖고 놀 만큼 편안한 크기이되, 한쪽에 배변을 하고 다른 한쪽에서 잘 수 있을 정도로 커서는 안 된다. 강아지라면 현재 크기에 맞는 것으로 시작해 성견이 되면 큰 것으로 교체해주는 것이 좋다. 크레이트 훈련을 할 수 있는 시기는 생후 5~6개월부터가 적합하다.

먼저 적당한 크기의 크레이트에 개가 좋아하는 매트나 장난감 등을 넣은 후, 개에게 "집이야, 좋지" 하는 식으로 소개를 해준다. 냄새를 맡는 등 탐색을 하게 한 후 들어가게 하고, 개가 나오려고 하면 내보내준 다음 들어갔다 나온 것에 대해 칭찬을 해준다.

어느 정도 크레이트에 익숙해지면, 식후, 배변 후, 산책 후 등 하루 6~7번 정도 크레이트에 넣고 문을 잠그되, 주인이 관찰하고 있는 상태에서 첫날 5분부터 시작해서 크레이트에 있는 시간을 매일 조금씩 늘인다. 크레이트에 있는 시간이 30분 정도 되면, 다시 5분 정도로 시간을 줄여서 다시 시작하되, 이번에는 주인이 자리를 비운다. 역시 30분이 될 때까지 매일 조금씩 시간을 늘린다. 주인이 돌아왔을 때 개가 짖는 등 소란을 피우면 가만히 있을 때 까지 기다렸다가 꺼내준다.

이 과정을 마치고 나면 종일 크레이트에 넣어놓고, 규칙적인 스케줄을 정해 배변과 산책 때만 정해진 장소로 데리고 나간다. 밤에 무서워하면 침실로 크레이트를 옮겨도 무방하다. 개는 크레이트에서 낮엔 4시간, 밤엔 8시간 정도 배변을 참을 수 있으므로, 꼭 식후 혹은 배변하고 싶은 기미가 보일 때 배변 장소로 데려가야 한다. 만약 실수로 크레이트 안에 배변을 했다면 혼내지 말고 재빨리 치워주고 냄새를 없앤다.

훈련이 완전히 성공해 그레이트에 길들여지면, 문을 열어놓는다. 그러면 배변을 하고 싶을 때 나와서 정해진 장소에 배변을 하게 되며, 손님이 오거나 했을 때는 크레이트를 잠궈 놓을 수 있다.

5) 화장실 훈련

첫 훈련 날 아침을 먹인 후 화장실로 데리고 들어가서 배변을 할 때까지 화장실에서 함께 기다린다. 이때는 책이나 시간을 보낼 다른 소일거리를 가지고 들어가는 것이 좋다. 전화도 챙겨 들어가는 것이 좋다. 용변을 보면 쓰다듬어 주면서 정다운 목소리로 칭찬을 하고 바로 화장실에서 데리고 나간다. 이 과정을 일주일 정도 반복하면 그다음부터는 스스로 알아서 용변을 가리게 된다. 주의할 점은 절대 화장실 안에서는 혼내선 안 된다는 점인데 그러면 개가 화장실을 가서 안 될 나쁜 장소로 인식하기 때문이다.

6) 신문지 배변 훈련

방 한구석에 펜스를 쳐놓은 다음, 빈틈이 없이 신문지를 여러 겹 깐다. 그런 다음 아침 식사 후 그 안에 개를 넣어두면 어쩔 수 없이 신문지위에 용변을 보게 된다. 용변을 보고 나면 칭찬해주고 펜스에서 꺼내준다. 그런 다음 용변이 묻은 신문지 한 겹만 버리고 새 신문지를 제일 아래에 깔아준다. 그러면 자신의 용변 냄새가 신문지에 남아 있으므로 그곳에 용변을 보게 된다. 1주일 정도 지나면 신문지의 넓이를 조금씩 줄여가는데, 한 번 넓이를 줄일 때마다 1주일 정도 놓아둔다. 그 후 펜스를 치우면, 계속 신문지 위에 용변을 보게 된다.

3. 복종 훈련

개에게 있어서 훈련은 사람의 교육과 같다.

교육적 차원에서 훈련은 흥미 위주만이 아니고 인간과 상호 협력 관계를 지속하기 위한 보수적인 의미도 내포하고 있다.

세계 어느 곳에서든 개의 활동과 공헌은 높이 평가되고 있으며 인간과 서로 협력하는 가운데 능력이 개발되고 또 최대한으로 발휘하는 것이다.

이러한 공존 관계에서 오는 부작용이나 부담을 줄이기 위한 방법, 그리고 근원적 상황 변화에도 대처할 수 있는 능력을 갖추려면 훈련이란 절대적 단계가 필요하다.

필요성에 의해 기초적인 훈련 절차를 밟아야 하며, 이러한 초보적 훈련이 바로 복종 훈련에서부터 시작된다.

개가 이러한 훈련을 감당하며 소화시키는 데는 운동 신경의 발달과 영리한 두뇌를 가지고 있어야 한다. 훈련은 사육자나 훈련사가 요구하는 동작을 완벽한 자세로 명령에 따라 절대 복종하는 것이 복종 훈련의 참뜻이다.

복종 훈련은 이론과 실제의 조화에 근거를 두고 항목별로 축소 정립시켜 개가 할 수 있는 범위 내에서 체계적 단계로 규정한 것이 훈련 과목이다. 이 과목에 준하여 반복 숙달케 하고 습관화하여 기억시키는 것이 바로 훈련의 정의라 하겠다.

복종 훈련이 초보 단계이기는 하나 모든 분야에 광범위하게 적용되는 것은 말할 것도 없고 가정의 반려견도 행복한 생활을 위해 이 복종 훈련은 가르치는 것이 필요하다.

모든 일이 기초가 중요하듯이 개의 훈련 역시 훈련의 기초인 복종 훈련이 완벽하게 이루어질 때만이 고등 훈련도 가능하다.

1) 앉아

앉아 훈련은 복종 훈련 중에서도 가장 기초적인 훈련이다. 훈련용어 중에서 가장 많이 듣고 또 사용하는 용어가 바로 '앉아'라는 단어가 될 것이다. 친화에서부터 시작하여 앉아 훈련을 배우게 되면 누구나 훈련에 대한 작은 보람을 느끼게 되며 흐뭇하기도 할 것이다.

그러나 앉아라는 훈련이 보기에는 아주 쉬운듯하나 바른 자세로 정위치에서 올바르게 앉는 법을 습관화시키기 위해서는 상당기간이 요구되며 따라서 꾸준한 복습이 필요하다.

또 이렇게 앉아를 바르게 길들이기 위해서는 시작이 매우 중요할 뿐 아니라 시작이 잘못되어 자세가 나쁜 상태로 고정되어 버린다면 올바른 자세의 앉아를 기대하기는 매우 어렵다.

앉아의 바른 자세란 대퇴부를 가지런히 모아 앉는 자세로서 앞가슴을 약간 앞으로 내밀고 고개를 정면 눈높이 이상으로 들고 올려다보는 활기차고 늠름한 자세여야 한다.

엉덩이를 뒤틀어 옆으로 앉는다든가 지나치게 앞쪽으로 기울이거나 지도수와 거리가 멀게 앉거나 옆쪽 또는 앞쪽에 정확하게 바르게 앉지 않는 자세는 전부 바람직하지 못하다. 또한 강하고 억압된 명령으로 불안해하거나 눈치를 보는 그러한 자세도 배제되어야 한다. '앉아'는 항시 생기발랄하고 명랑한 모습으로 동작을 취할 수 있도록 유도해 나가는 것이 중요하다.

똑바른 자세에 이어 신속하게 명령에 따르는 태도(동작)도 아주 중요하다.

모든 훈련이 그렇듯이 초기에 지도수의 명령에 신속하게 따르는 습관을 길들이지 않으면 후일 고등훈련에 들어가서 바람직한 결과를 얻기는 점차 힘들어진다. 원거리 훈련에서 계속 명령을 하게 되고 한 번 명령에 따르지 않으므로 인하여 신속하고 정확한 그리고 깨끗한 끝맺음을 기대할 수 없고 좋지 않은 훈련이 습관화될 수밖에 없다.

이러한 현상이 나타나는 원인은 완벽한 훈련을 위하여 매일 개의 컨디션에 관계없이 과다하게 반복시키는 것이 원인으로, 개가 자연스럽게 권태를 느끼게 되기 때문이다.

또한 고등훈련에서는 원거리에서 명령을 내리는 과목이 많기 때문에 더욱이 동작이 느려지는 경우가 많으므로 이런 점을 특히 주의하여 훈련에 임할 필요가 있다. 항상 똑바로 신속하게 명령에 따르도록 앉아를 가르치기 위해서는 줄의 사용이 불가피하며, 유도하는 방법으로는 먹이나 덤벨, 공 등이 가장 많이 이용된다.

만약 위의 방법, 즉 먹이로 앉아를 가르친다면 개를 벽 쪽 또는 뒤로 물러갈 수 없는 조건을 이용하여 먹이나 공, 덤벨 등을 개의 머리 위까지 들고 똑바로 뒤쪽을 향한다면 자연히 앉게 될 것이다. 또 다른 방법으로는 지도수 좌측에 개를 붙이고 오른손으로 줄을 아주 짧게 잡고 위로 치켜들고 왼쪽 손으로는 뒤쪽 엉덩이 쪽(십자부)을 누르게 되면 자연히 앉게 될 것이다. 어떤 먹이나 용구를 사용해서 개가 의욕을 강하게 갖도록 한 다음 이것을 이용해서 무의식 중에 신속하게 앉는 것을 습관화시킬 필요가 있다.

다시 말해서 개는 사람처럼 여러 가지를 생각하고 행동으로 옮기는 사고력이 있는 것이 아니고 자기가 좋아하는 먹이나 물건에 대해서만 집중(집착)하는 습성이 있다.

또 이런 것에 대해서 집착하지 않으면 계속 개의 심리를 이용해서 집착을 가질 수 있는 훈련을 반복시켜 나가는 것도 중요하다. 일단 강하게 집착하게 되면 앉아의 훈련은 물론 기초적인 복종 훈련은 가르치기가 매우 쉬워진다. 또한 명령이 주어지면 신속하게 따르게 된다.

신속하게 명령에 따른다면 매일 조금씩 반복하여 습관화시키면 완벽한 앉아로 길들어지게 마련이다.

따라서 추후 고등훈련에서 문제가 발생하지 않도록 지도수 옆에서 똑바르게 그리고 신속하게 또는 정위치에 앉는 방법을 완벽하게 복습시키고 습관화시켜야 한다.

지도수 옆에서 이러한 동작을 잘 숙련시킨다면 점차 먼 거리에서도 한 번의 명령으로 컨트롤할 수 있으며 만약 완벽하지 않은 상태에서 원거리 훈련을 실시한다면 이것은 앉아 훈련에 대한 확실한 실패로 끝날 것이다. 지도수 옆에서 명령을 거부하는 개가 원거리 훈련에서 명령을 잘 따를 것으로 기대하는 것은 불가능하기 때문이다.

언제, 어디서나 앉아의 명령이 주어지면 바른 자세로 즉시 행동에 옮겨야 하며, 천천히 걸을 때, 보통으로 걸을 때, 빠르게 걸을 때, 뛰어갈 때에도 앉아 명령이 주어지면 그 자리에서 즉시 앉아야 한다. 옆에서 떨어져서 그리고 원거리에서도 앉아를 명하면 단 한 번의 명령으로 따르도록 가르치며 숙련시켜 나가야 한다.

결코 중요하지 않는 간단한 훈련일지라도 개는 심각하게 받아들일 수도 있으므로 지도수는 항상 신중하고 자연스럽게 행동에 옮길 수 있도록 연구하고 노력하여야 한다.

2) 엎드려

엎드려 훈련은 먼저 시켜야 되는 것과 나중 시켜야 되는 것으로 순서를 구분하여야 한다. 훈련을 시키는 과정에서 순서가 뒤바뀌면 과목을 풀어 가는 데 큰 어려움이 따르게 마련이다. 아마추어 입장에서는 이런 간단한 복종 훈련에서도 순서를 알지 못하면 무엇부터 어떻게 시작해야 할지 몰라서 몹시 안타까워 할 때가 있을 것이다.

여기서 훈련 순서에 대하여 이해를 덧붙인다면 편리에 따라서 개인이 정한 것은 아니며 오랜 세월 동안 훈련에 대한 연구를 끊임없이 한 해박한 지식을 갖춘 이들이 개의 본능과 심리 그리고 수없이 실행해 본 경험과 결과를 토대로 하여 순서를 만들어 놓은 것이다. 따라서 훈련의 순서나 방법은 거의 전 세계적으로 공통되어 있고 아직도 그 방법에 따라 개를 길들이고 있는 것이 일반적으로 상식화되어 있다.

엎드려의 훈련도 이런 순서와 방법에 의해 따라야 하며 개 자체가 빠른 시간 내

이해할 수 있도록 지도하는 것이 매우 중요하다. 다만 엎드려는 앉아의 연속 동작이며 정자세로 지면에 닿게 하면 엎드려의 자세가 될 것이다. 다시 말해서 서 있는 상태에서 앉게 하고 앉아 있는 자세에서 엎드리게 하는 극히 자연스러운 동작을 행동으로 옮기면서 반복하게 되는 과정을 거치면 훈련은 차츰 숙달되어 완숙될 것이다. 어떤 훈련이나 똑같겠지만 어떻게 심리적인 방법을 이용하여 신속하고 정확하게 엎드려를 시킬 것인가가 기술적인 문제이며 훈련을 가르치는 자의 능력의 척도가 될 것이다.

가정견 또는 복종 훈련에서는 특별한 방법은 없으며 대략 핸들러(지도수)의 능력에 따라 다소의 차이가 있을 뿐이다. 지금까지 훈련을 가르치기 위해 먹이, 특수한 물건, 공, 덤벨 등을 이용하는 것이 다소 원시적인 느낌을 주지만 기초 훈련을 가르치고 훈련에 대한 호감을 갖게 하는 것으로는 이 방법이 가장 효과적이라는 점이다.

개의 사고는 극히 단순하여 눈으로 보고 귀로 듣고 코로 냄새를 맡아서 좋아한다면 별다른 문제는 없다. 개에게는 개의 지능에 알맞은 어떤 물건을 선택하여 길들이는 것이 비교적 바람직하며 부작용이 없을 것이다. 개가 지면에 엎드리는 것은 대부분의 개가 싫어하는 행동이며 특히 자세를 낮게 취하는 행동은 긴장된 순간으로 상대를 공격하기 위한 동작 표출이기도 하지만 때로는 자신이 약하다는 일종의 위축된 표현이므로 엎드리는 그 자체를 별로 좋아하지 않는다.

그러므로 다른 기초적인 훈련보다 엎드려에 대하여 강제 행위가 아닌 먹이나 좋아하는 물건 등으로 유도하여 자연스럽게 엎드려를 가르쳐 나가야 되며 특히 이때 개가 심리적인 압박을 받지 않도록 해주어야 한다. 만약 그래도 엎드려를 거부한다면 종전에 배운 앉아의 자세에서 두 앞다리를 당겨 엎드려를 할 수 있게 이 단계 동작을 요구하고 이때 잘했다는 의사표시로 칭찬과 동시에 앞가슴을 쓰다듬어 칭찬을 아끼지 말아야 한다.

항상 명령 후 동작에 따를 때에는 좀 지나치다 할 정도의 칭찬과 스킨십으로 곧바로 개가 기억하고 이해를 할 수 있게 해줘야 한다. 또한 줄의 이용은 훈련에 있어 불가피한 것으로서 엎드려를 가르치기 위해서는 줄을 사용하게 된다.

이미 다른 훈련에서도 줄의 사용방법을 기술했듯이 요령이 거의 비슷하다. 각측행진 '따라걷기' 중 엎드려의 명령을 할 때는 우측 손으로 잡고 있던 줄을 왼손으로 옮기는 동시에 오른손으로 개의 머리 위에서 콧등 쪽으로 대각선으로 내려치는 듯한 동작을 취하며 '엎드려' 하고 명령한다. 좌측 혹은 우측 손으로 줄을 아래로 당길 수도 있으나 강제성은 될 수 있는 한 피하는 것이 좋다.

지도수의 자세는 개가 엎드릴 때 동작에 따라 좌측 무릎을 지면에 닿게 하여 꿇어 앉는 자세가 되어야 한다. 엎드린 자세는 개와 지도수가 일직선으로 유지되어야 하며 만약 엉덩이(대퇴부)가 옆으로 틀어지거나 심한 간격이 있거나 하면 즉시 재차 행동을 취하여 잘못된 부분을 고쳐 주어야 한다.

좌측이나 우측 부분으로 틀어지면 좌측 엄지손가락으로 대퇴부를 찔러 충격을 줌으로써 바른 자세로 교정해 나갈 수 있다. 처음 엎드려를 시작할 때에는 약 2-3초 정도로 짧게 엎드려를 시키며 엎드린 자세에서 시간적 여유를 주면 나쁜 자세가 도출하기 때문에 신속하게 다른 동작으로 변화를 주어야 한다. 엎드려를 가르치는 것은 여러 가지 방법을 사용할 수 있으며 먹이나 덤벨 등으로 유도하여 아래위로 움직여 엎드려와 앉아를 연속으로 취하게 할 수도 있다.

훈련 중 '엎드려'라는 명령을 사용할 때에는 그 자리에 서있을 때 엎드려, 걸어가는 도중에 엎드려, 전진 중 엎드려, 뛰어가는 도중 엎드려, 원격, 먼 거리에서 엎드려 등 여러 가지 환경 변화에서도 자유자재로 엎드려를 하여야 한다.

훈련이 짜증스럽다고 느낄 때 벌써 개는 지도수의 마음을 읽고 있으므로 항상 최상의 기쁨으로 권태롭지 않게 안배하여 엎드려를 반복해 나가면 더욱 좋은 결과를 가져올 것이다. 끝으로 어떤 훈련에서 틀린 자세를 취해도 나중에 좀 더 숙달되면 교정이 가능하겠지라는 생각을 갖고 있으면 절대로 안 된다. 처음 시작할 때부터 어떻게 하면 바른 자세로 정확하게 행동을 취할 것인가에 더욱 주의를 기울여 실행하여야 하며 또 그러한 환경과 여건을 만들어 나가는 것이 훈련에서는 매우 중요하다.

3) 기다려

개와의 일상생활에서 '기다려'라는 명령은 흔히 사용하는 훈련 용어 중의 하나이다. 복종 또는 가정견 훈련 중 '앉아', '서', '엎드려', '차려', '안 돼', '먹지 마' 등 '접속어'로 '기다려'를 사용하게 된다.

또한 개와 잠간 동안 떨어져야 할 경우가 발생하면 개를 기다리게 해야 하고, 그 이외에도 산책 중에 일어나는 상황 또는 가정에서 일어나는 일 중에서 '기다려'는 다양하게 사용된다. 훈련 규정이나 경기대회에서는 각측행진(따라걷기) 중 사용하는 '기다려'를 실시하여야 하며 특히 많이 쓰는 '앉아' '기다려'라는 훈련과목이 있다.

이 과목은 개와 행진 중 '앉아', '기다려' 의 명령을 내린 후 지도수는 약 15m 이상 걸어가 개를 마주보고 심사위원의 지시에 의해서 부른다(초호). 개는 명령에 의해서 신속하게 지도수 우측으로 돌아 좌측에 와서 앉거나 서있게 된다. 위와 같이 두 가지 명령이 주로 연결된 단어로 사용하는 '기다려' 훈련은 정확하고 믿을 수 있게 길들이고 습관화시켜야 한다. 기다려를 시키는 방법은 어느 훈련이나 마찬가지로 가정견 훈련 중 같이 걷는(각측행진) 중에 주로 기다려의 명령을 내리게 된다.

줄의 사용은 역시 좌측 손으로 줄을 편리하게 조절하며 우측 손바닥을 펴서 아래로 내리치는 듯한 동작으로 제지하며 '기다려' 한다. 기다려는 단호하면서도 명료하지만 맏고 신뢰한다는 뜻의 어감이 전달될 수 있도록 부드럽고 유연하게 명령하는 것이 좋다. 만약 너무 강한 명령으로 개가 움츠리거나 음향에 의한 샤이(SHY)가 된다면 약간의 시간을 요구하는 훈련이지만 불안해서 기다리지 못하고 자리에서 이동하거나 이탈 또는 도주하게 된다.

기다려를 시킬 때에는 반드시 줄을 꼭 잡고 지도수와 같이 행동하는 것이 제일 바람직하다. '기다려' 하고 지도수는 필요한 만큼 행동을 똑같이 하여 개가 빨리 훈련을 이해하고 익숙해질 수 있도록 협력관계를 유지해야 한다. 이렇게 해서 지도수 옆에서 완전히 기다려 훈련이 익숙해지면 조금씩 거리를 두어 혼자서 기다리는 훈련을 복습시켜 나가야 한다.

앉아, 기다려 명령을 하고 지도수가 개의 정면을 바라보면서 뒷걸음으로 두서너 발걸음 떨어져 본다. 이때 줄은 왼손으로 약간 높이 쳐들고 우측 손은 손바닥을 활짝 펴서 개가 보일 수 있도록 기다려를 명령하면서 가만히 물러나 본다. 만약 움직이려 든다면 '안 돼! 기다려' 하고 몇 번이고 명령을 반복한다. 개와의 간격이 1m 정도 떨어져 1-2분 정도 있어도 움직이지 않을 때 다시 원위치로 돌아가서 조용히 '옳지, 잘했어' 하며 칭찬을 하고 개를 쓰다듬어 준다.

이렇게 매일 조금씩 반복하고 거리를 차츰 멀리 할 때까지 개가 움직이지 않고 기다릴 수 있도록 길들어야 하고 칭찬을 할 때는 필히 원위치로 돌아가서 10초 동안 정지한 다음 개를 먼저처럼 칭찬해 주는 것이 바람직하다. 만약 개와의 거리가 멀리 떨어져 있는 곳에서 잘했다고 칭찬을 한다면 즉시 개가 일어나 주인(지도수) 곁으로 오게 되어 나쁜 습관이 들게 마련이며 이것은 교정하기가 매우 힘들게 된다.

이렇게 해서 '앉아! 기다려'가 숙달되면 좀 더 오래 기다릴 수 있는 엎드려, 기다려를 연습시켜야 한다. 여기서 논하는 기다려는 긴 시간이 아닌 약 10분 이내의 짧은 기다려를 말하는 것이다. 엎드려, 기다려는 개를 일정한 장소에 엎드리게 하고 좌측 발로 줄을 밟고 우측 손으로는 줄 맨 끝을 잡고 조용히 기다려라는 명령과 함께 가만히 있어야 한다. 만약 개가 움직이거나 일어나려고 하면 '안 돼!' '기다려' 하고 재차 명령을 내린다. 이렇게 해서 차츰 엎드려 있는 자세로 기다리는 것이 익숙해지면 서서히 개 옆에서 한 발짝 떨어져 기다리게 한다.

이때 필요한 시간은 1분에서부터 매일 약 30초씩 시간을 늘려 가면 오랜 시간 동안 기다릴 수 있다. 거리도 점점 늘려 나중에는 지도수가 보이지 않아도 혼자서 차분하게 기다리는 자세로 길들인다. 만약 줄의 길이 이상으로 간격을 두게 될 때에는 개가 엎드린 자세에서 전혀 알지 못하도록 쇠말뚝에 줄 끝을 슬며시 걸어 놓고 물러나야 한다. 혹시 개가 지도수가 없다고 일어나거나 또한 주위 환경의 갑작스러운 변화로 인해 장소에서 이탈하게 되는 실수를 범한다면 추후에 교정하기는 매우 어려우므로 줄의 끝을 반드시 걸어두어 어떠한 경우에도 이탈하지 못하도록 습관화시켜야 된다.

최초에 기다려를 이해하지 못하던 개가 이러한 과정을 거치면서 완벽한 기다려를 할 수 있을때, 언제 어디서나 자유로운 시간을 즐길 수 있을 때 '기다려' 훈련의 진가를 다시 한번 평가하게 될 것이다.

4) 와

충분한 복종 훈련을 받은 개라면 언제 어디서나 이름을 부르면 주인에게 즉시 달려올 것이다. 그러나 훈련을 받지 않은 상태에서는 아무리 불러도 명령에 아랑곳하지 않고 제멋대로 행동하는 것이 자연적인 그들의 생리이다.

따라서 '이리와' 혹은 '와' 훈련은 간단한 듯 보이지만 행동으로 옮기게 되기까지는 상당히 어려운 과정을 거쳐야만 만족할 수 있는 결과를 얻을 수 있다.

개는 오랜 옛날부터 인간과 같이 생활해 오면서 제한된 영역에 억압적으로 순응하도록 강요받게 되었고 그런 생활과 환경속에 적응되어 왔다. 다시 말하면 인간과 함께 한 지 오래되었지만 지금도 우리(견사) 속이나 쇠사슬에 묶여 있는 그들에겐 지금이나 옛날이나 별반 다를 것이 없는 것이다.

본래대로 행동하고 싶어 하는 잠재되어 있는 야성을 억제시키고 순화와 교정의 과정을 거치면서 복종 훈련 '와'를 시키는 것이 그리 쉽지만은 않다. 때때로 줄을 풀어주면 망아지 뛰듯 날뛰고 해방된 기분으로 흥분이 고조되어 아무리 불러도 오지 않고 막무가내이다.

그러나 이러한 야성적인 본능의 돌출도 끈기와 인내를 가지고 반복, 교정시켜 나가면 머지않아 명령에 따르게 된다. 지금까지 모든 훈련이 그랬듯이 개와의 친화가 완벽하게 이루어진 전제조건하에서만이 '와'의 훈련도 가능하다는 것을 잊어서는 안 된다.

'와'의 훈련을 개에게 가장 쉽게 이해시키기 위해서는 약 5미터 이상의 긴 줄이 필요하며 성격이 거칠거나 고집이 강한 개에게는 스파이크 목줄도 필요하다. 긴 줄은 항상 용이하게 사용할 수 있는 나일론 줄을 사용하되 중간 부분과 맨 끝 부분은 매듭을 지어주는 것이 좋다.

만약 훈련 중 갑자기 동물을 보고 추격, 질주하거나 어떤 사물을 보고 이탈할 때는 줄에 매듭이 있어야 즉시 컨트롤이 가능하며 이때 잘못하면 손바닥을 다치기 일쑤다. '와'의 맨 처음 훈련 방법은 줄이 달려있는 상태로 자유롭게 놀게 한 다음 개 이름과

'와'의 명령을 동시에 하면서 줄을 순간적으로 힘차게 잡아당겨 신속하게 오도록 한다.

이때에 지도수가 반대 방향으로 달려가듯 동작을 취하면 개는 더욱 빨리 지도수 곁으로 오게 된다. '와'라는 명령에도 불구하고 개가 산만하거나 주의를 기울이지 않을 때에는 재차 줄을 튕기듯 잡아당겨 '와'라는 의미를 강하게 상기시켜야 한다.

이 훈련은 항상 길이 5~10미터 정도의 줄길이 내에서 훈련 컨트롤이 용이하므로 이 범위를 언제든지 지켜야 한다. 매일 10분씩 3회 정도 반복하고 익숙해지도록 복습해야 한다. 때로는 지나쳐서 개가 싫증을 낼 수도 있으니까 시간을 조절해서 시켜야 한다.

이때 특히 주의할 것은 줄의 사용법인데 개가 오는 속도보다 지도수가 줄을 감아들이는 속도를 다소 빠르게 해야 개가 옆으로 이탈하는 것을 막을 수 있다. 지도수가 줄을 감아 들이는 동작이 숙련되어 있지 않으면 훈련줄을 5미터 이내로 하여 '와'의 명령에 곧바로 올 수 있도록 반복하여야 한다.

줄이 길면 길수록 초보자의 경우에는 컨트롤이 어렵기 때문에 줄을 짧게 이용하는 것도 하나의 요령이다. 가끔은 개가 좋아하는 물건을 집어던져 물어 오게도 하는데 이때 줄이 짧아 가는 도중 쇼크(목에 충격)를 받게 되면 후일 운반(지래) 훈련을 시키는데 큰 문제가 발생되므로 매우 주의해야 한다.

'와'의 훈련이 완성단계에 이르면 언제든지 지도수가 부를 때 즉시 달려와야 한다. 일반적인 방법으로는 개를 지도수 바로 정면에 앉게 하여 줄은 여유 있게 잡고 약 두세 걸음 뒤로 물러나, 잠시 후 다리나 손뼉을 치고 부드러운 목소리로 개를 불러들여 칭찬을 충분히 해 주는 것도 좋은 훈련 방법이다.

또한 칭찬의 방법은 여러 가지가 있겠으나 개가 특히 좋아하는 신체의 부위를 쓰다듬어 준다거나 개가 가장 빨리 이해할 수 있는 먹이를 사용하는 것도 효과적이다. 줄의 사용에 있어서 너무 강제성을 띠거나 거칠게 다룬다면 품성이 약한 개들은 크게 위축되어 역효과를 가져올 수 있으므로 줄에 의한 충격법은 신중을 기해야 한다.

이와는 반대로 고집이 세고 산만하여 통제가 잘 안 되는 개에게는 무선 전기 충격기 등 훈련용 장비도 일부 사용하고 있으며 엽견(사냥개)에게 특히 많이 사용되고 있다. '와'의 훈련이 완벽에 가까워지면 줄의 사용을 점차적으로 해제시켜 앉아 있거나 엎드려 있을 때, 서 있을 때, 기다려를 하고 있을 때 '와'를 실행하고 '가져와' 또는 먼 거리에서 '와' 등 다양하게 응용훈련을 숙달시켜 나가야 한다.

'와'의 훈련이 쉽거나 어렵거나 끝까지 인내와 일관성을 가지고 상호 신뢰를 바탕으로 이해시켜 나가야 하며 또한 지도수가 원하는 것을 받아들이도록 유도하여야 한다. 개가 지닌 특성이나 잠재적인 소질 그리고 여러 가지 조건에 따라서 '와'의 숙련 정도에 다소 차이가 나지만 한편으로는 지도수의 지도 능력에 따라 결과에 많은 차이가 있다는 것을 명심하여야 한다.

끝으로 '와'의 훈련방법에서 강조하고 싶은 것은 개를 꾸짖기 위해서 '와'의 명령을 사용한다면 개에게 달아나는 훈련을 가르치는 행위와 의미가 같다는 것을 꼭 기억해 두기 바란다.

부록

재미있는 개 이야기

1. 역사와 관련된 개 이야기

역사의 반대편에 숨어 있는 재미있는 야사가 있는데, 그 야사 속에 개가 주인공, 또는 주인공과 밀접한 연관성이 있는 조연으로 등장하는 경우가 있어 소개하고자 한다.

우리는 역사가 사실을 전제로 하고 있다는 사실을 감안할 때, 개 이야기가 비단 흥밋거리나 소일거리의 수단 정도로 단순하게 취급할 것이 아니란 생각이 든다. 그 가운데에는 매우 중요한 상징 의미가 숨겨져 있다. 반드시 역사와 관련해서 우리에게 주는 강한 메시지와 시대 의식을 깊이 고려할 필요가 있다고 본다. 그러나 여기에서는 다소 중요하고 무거운 주제에 대해서는 뜻있는 독자들 편에 맡기고 그저 재미있는 이야기 거리를 모아 소개하기로 한다.

출처: 국립중앙박물관(http://www.museum.go.kr), 이암

궁예와 개 이야기

몇 년 전, 모 방송국의 주말 드라마 덕분에 궁예 신드롬이 생겼던 때가 있었다. 그저 짧은 역사를 가진 실패한 왕국의 포악한 군주로만 궁예를 알고 있었던 우리에게 궁예는 조금은 신선하게 다가온 역사적 인물이었다.

그 궁예에 대해서 역사적 가치와 의의를 평가하기에는 필자에게는 해박한 역사 지식도 없고 그만한 위치에 있지 못하기에 궁예와 관련된 개 이야기를 나눌 뿐이다. 물론 이 이야기는 정사라기보다는 전설과 민담으로 전해지는 야사라는 것을 분명히 밝혀서 혹시라도 독자들의 오해가 없기를 바란다.

처음 궁예가 금악산에 궁궐터를 잡았는데, 금악산을 안으로 정하고 고암산을 뒤로 삼으려 했는데 궁예의 부인이 말을 해서(또는 궁예가 애꾸여서 잘 보지 못하여) 그 반대로 정하게 되었다. 사실 고암산을 뒤로 삼고 금악산을 안으로 정했다면 풍수학상 나라가 천년을 지낼 것이었는데 그만 여자의 말을 들어 금악산이 너무 서러워 3년 동안 나무를 키워도 잎이 하나도 피지 않았다 한다. 그래서 결국 천 년 도읍할 것을 30년에 끝나는 비운의 왕이 되었던 것이다.

궁예가 왕이 된 지 20년쯤 되었을 때 구미호가 궁예의 왕비를 잡아먹고 왕비 노릇을 하게 되었다. 여우라는 요물이 사람으로 둔갑을 해서 어찌나 아름답던지 그만 궁예는 홀딱 반하여 여우가 좋아하는 일을 하게 되었던 것이다. 이 여우는 사람 고기를 좋아하여 사람이 죽는 것을 매우 좋아하였다. 여우가 둔갑한 왕비는 잘 웃지 않다가 사람이 죽는 것을 보면 매우 좋아하며 웃곤 하였다. 그 여자가 웃지 않으면 궁예는 안절부절못하다가 결국 사람들을 죄의 경중과 관계없이 처형하게 되는데, 특히 잔인하게 죽여야만 더욱 좋아하여 점점 더 잔인하게 사람들을 괴롭히게 되었다. 다른 대신들은 그 전의 황후는 매우 어질었는데 요즘의 황후는 매우 악독한 것을 보고 차츰 구미호가 둔갑한 사실을 눈치채게 되었다. 그러나 궁예 왕에게 아무도 얘기를 할 수 없어서 무슨 방책이 있나 하고 비밀리에 의논하게 되었다.

구미호를 잡을 수 있는 것은 오직 하나, 삼족구밖에 없다는 것을 알았다. 삼족구란 뒷발이 둘, 앞발이 하나로 다리가 세 개인 개를 말한다. 그 삼족구만이 변신한 여우를 잡을 수 있었는데, 삼족구를 백방으로 구하여도 통 구할 수 없었다.

그러던 중 서울 송파의 누구의 집에 강아지를 낳았는데 발이 세 개인 개가 있다는 소식이 들려 왔다. 그래서 대신이 그 집에 가서 보니 젖 떨어질 만큼 되었는데도 조금도 크지 않은 강아지였다. 그런데 발만 커다랗고 눈알이 빨개서 아주 무서워 보였다. 다리는 비록 세 개밖에 없지만 뛰어가는 것이 마치 날아가는 것같이 빨랐다. 값을 치르려 했지만 개 주인이 그냥 주어서 갖고 돌아와 궁궐로 들어가 조회할 때 도포 소매 속에 숨겨둔 강아지를 꺼내 놓으니 강아지가 비호처럼 달려들어 황후의 목을 물어뜯으니 곧 여우로 변하고 말았다. 나라 사람들이 그 소문을 듣고 여우가 정치를 해서 죄 없는 사람들을 불에 태워 죽였다고 모두들 분개했다.

아마도 궁예가 개인적으로 포악하여서 실정했다는 것을 믿고 싶지 않은 백성들이 후대에 꾸민 이야기인지 아니면 태봉국의 유신들이 고려에 남아 있을 때 망국에 대한 안타까움으로 지어낸 이야기인지는 잘 모르겠다. 그러나 다만 사람들도 잡을 수 없는 여우를 삼족구, 즉 장애를 가진 강아지가 잡을 수 있다는 발상이 꽤 흥미롭다.

궁예와 관련된 이야기가 또 하나 있다. 왕건에게 쫓겨 도망간 궁예가 겨우 목숨을 부지하고 숨을 몰아쉬며 잠시 쉬고 있었다. 종일 쫓겨 다니느라고 음식은커녕 물 한 모금도 마시지 못하여 갈증의 괴로움이 극도에 달하게 되었다. 주위에 모시고 있던 신하들에게 목이 마르다고 하소연을 했으나 모두들 물이 없다고 고개만 저을 뿐이었다. 그런데 한 마리의 개가 쫓아 왔는데 땅의 어느 곳으로 가더니 계속 끙끙거리며 마치 그곳을 파라는 시늉을 하는 듯했다. 이상히 여긴 대신들이 그곳을 파니 샘물이 솟아오르는 것이었다. 그래서 그 샘물을 궁예에게 떠다 바쳐서 갈증을 풀게 했다. 그 샘물을 개가 팠다고 해서 그 이름을 '개우물'이라고 한다. 현재에도 철원군에 있다고 한다. 한편 궁예는 인근 마을의 농부들에게 들켜서 매 맞아 죽었다고 한다. 그러나 어떻게 한때는 한 나라의 임금이었는데 때려죽일 수가 있느냐 해서 고려의 왕건이 함경도 사람에게는 벼슬을 주지 않았다 한다. 물론 이야기 속의 궁예를 죽인 농부는 함경도 사람이었다고 한다. 순전히 사실에 입각한 얘기라기보다는 흥미 위주의 꾸며서 전해지는 얘기이다.

아마도 비록 궁예가 포악한 왕이었다 하더라도 개 같은 미물도 그 왕을 위하여 우물을 찾아내 주었는데 하물며 인간이 그래도 한때 왕이었던 사람을 무자비하게 죽일 수 있느냐는 도덕적 교훈으로 만들어진 이야기가 아닌가 생각해 본다.

단종과 개 이야기

역사 속의 인물과 관련된 이야기가 또 있는데 잠깐 소개하고자 한다. 물론 개가 직접적인 역할을 한 것은 아니지만 역사와 관련된 중요한 이야기여서 그냥 지나치기에는 조금 아쉬운 느낌이 들기 때문에 소개한다.

조선 시대 단종에 대해서는 특별히 설명할 필요가 없을 만큼 우리 역사상 가장 가슴 아픈 사연을 간직한 비운의 왕이었고, 그래서 그에 대한 슬픈 전설도 꽤 많이 전해진다. 단종이 숙부인 수양대군에게 왕의 자리를 빼앗기고 영월에 귀양을 가서 사약을 먹고 죽었다는 얘기는 다 알고 있는 사실이다. 죽어서도 그 시신을 아무도 치워주지 않는 치욕을 당했는데 그때 엄흥도라는 사람이 시신을 잘 수습해 주어 후에 충신으로 추대를 받게 된다.

단종이 죽을 때 우리는 그저 역사상의 기록으로 봐서 억울하게 사약을 먹고 죽었다고 알고 있는데, 강원도 지방에 내려오는 전설에는 조금 다르게 전해진다. 단종 임금이 사약을 갖고 오는 사람들이 차마 사약을 전하지 못하고 고초를 당하는 일이 생기자 자신 때문에 다른 신하들이 고생을 하는 것이 안타까워 스스로 죽기로 결심한다. 그러나 갇혀 지내며 감시를 받는 처지에 함부로 죽을 수도 없어서 꾀를 내어 몸보신을 하려고 하니 개 한 마리를 구해달라고 하였다. 모시고 있는 시녀들은 단종이 몸보신을 한다고 하니 기쁜 마음에 개 한 마리를 구해 주었다. 단종이 방 안에서 개 목을 조르려 한다며 끈을 달라 하고 밖에서 연결된 그 끈을 힘껏 당기라 청하였다. 그리고는 끈을 자신의 목에 감으니 밖에 있는 시녀들이 개 목을 잡는 줄 알고 힘껏 잡아 당겼다. 나중에 보니 단종이 죽어 있었다.

물론 어린 단종이 그렇게 했을 것이라는 증거는 없다. 다만 단종이 자신 때문에 무수한 충신들이 고초를 당하는 것을 안타깝게 여겨 스스로 목숨을 끊었다고 하는 것이 더욱 단종에 대한 애처로운 마음과 비분강개하는 마음이 생길 것이라는 것은 쉽게 추측할 수 있다. 이 이야기에서는 개는 소품에 불과한 역할이지만 단종이라는 비극적 역사의 주인공을 만나면서 한 번 되돌아보았다.

개는 우리 역사 속에서 친근하게 등장하는 동물로 오랫동안 인간과 친밀한 관계를 유지한 좋은 친구이고 동반자였던 것을 알 수 있다.

2. 벽사(辟邪)의 능력을 가진 개 이야기

개는 많은 동물 가운데 사람과 가장 친한 동물이다. 그 이유는 아마 사람을 잘 따를 뿐 아니라 영리하기 때문일 것이다. 개는 다른 동물에 비해 훈련 능력도 월등히 뛰어나서 오래전부터 훈련을 시켜 사냥을 하거나 도둑을 잡거나 마약을 찾아내거나 앞을 못 보는 맹인을 인도하는 일에 탁월한 능력을 발휘하여 왔다. 그런 개의 영리한 특성 때문인지 우리 민족은 어려운 일을 개가 해결한다는 설화를 많이 가지고 있다. 미궁에 빠진 사건을 개가 해결한다는 설화(개무덤 이야기 등의 종류)가 있고 또 꿈에 개를 보면 풀지 못했던 일이 해결된다고 믿었다. 이는 개를 법관이나 경찰관 등으로 생각하는 심리 상태에서 기인한 것이다. 물론 일부에서는 꿈에 개가 나타나면 개꿈이라고 헛된 생각에서 생겨난 꿈이라고 무시하는 경우도 있지만 말이다.

예로부터 개는 집지키기, 사냥, 맹인 안내, 수호신 등의 역할뿐만 아니라, 잡귀와 병도깨비, 요귀 등 재앙을 물리치고 집안의 행복을 지키는 능력이 있다고 전해진다. 특히 흰개는 전염병, 병도깨비, 잡귀를 물리치는 등 벽사 능력뿐만 아니라, 집안에 좋은 일이 있게 하고, 미리 재난을 경고하고 예방해 준다고 믿어 왔다. 『삼국유사』에 보면 백제의 멸망에 앞서 사비성의 개들이 왕궁을 향해 슬피 울었다고 기록하고 있다.

이러한 개의 특별한 사건해결의 능력을 앞서서 집안을 수호하는 능력도 있다고 믿었다. 집안을 지켜주거나 나쁜 악귀를 쫓아 내주는 벽사(辟邪)의 능력을 지닌 영험한 동물로 등장하는 재미있는 설화가 있어 소개하기로 한다.

옛날 전라남도 화순의 연양리에 박팔만이란 큰 부자가 살고 있었다. 이 집에서는 커다란 검정색 암캐를 키우고 있었는데 매우 영리하여 귀여움을 독차지하고 있었다. 그런데 어느 날부터인가 이 개가 저녁밥을 먹고 나면 후원 쪽을 바라보면서 밤새도록 짖어대었다. 어찌나 시끄럽게 짖어대는지 마을 사람들의 항의가 계속 들어오는 등 원성이 끊어지질 않자 박팔만 부자는 할 수 없이 이 개를 없애기로 작정을 했다.

그 전에 이 개가 낳은 자견(암캐) 한 마리를 출가해서 나주에 사는 딸에게 보내어 키우게 했는데, 바로 그날 이 개가 딸의 꿈에 나타나 자기 자견을 보고 주인집에서 자기를 죽이려고 한다고 말하였다. 그러면서 하는 말이 내가 죽으면 주인집은 구렁이 때문에 망할 것이라고 걱정을 하는 것이었다. 꿈에서 깨어난 딸은 꿈의 내용이 너무 생생하고 불길해서 다음 날 친정집으로 달려갔다. 그랬더니 이미 개를 죽인 후였다.

딸의 꿈 이야기를 들은 박 부자는 이상한 생각이 들어 후원으로 가서 자세히 살펴보니 고목 밑의 굴속에 정말 커다란 구렁이가 똬리를 틀고 있는 것이었다. 너무 놀란 박부자는 구렁이를 죽이려고 뜨거운 물을 굴속에 부어 넣었다. 그런데 구렁이가 죽기는커녕 큰 울음소리를 내며 밖으로 나오자 집안 곳곳에 숨어 있던 다른 뱀들이 수없이 나와서 집안사람들을 해치며 괴롭히는 것이었다. 결국 박 부자도 구렁이에게 잡혀서 목숨을 잃었고 그 집은 망해서 흉가가 되었다.

이 이야기에 등장하는 검정색 암캐는 그 집안의 수호신으로 볼 수 있다. 집안의

못된 뱀을 억누르며 박부자의 재산을 지켜주는 신성한 동물이었던 것이다. 그러나 그것을 모르고 주인이 개를 죽이려 하자 딸의 꿈에 나타나 도움을 얻으려 했으나 그만 죽고 말게 된 것이다. 수호신인 개가 죽자 집안도 망하게 된 것이다. 개는 집안을 망치려는 구렁이를 막아 사신(邪神)의 방패 역할을 했던 것이다. 개가 충성스런 동물일 뿐 아니라 집안의 사악함을 쫓아내고 집을 지켜 주는 수호동물로 상징되는 이야기다.

3. 명당 찾아 은혜 갚은 개 이야기

동물이 인간다운 의지, 혹은 인간 이상의 의지를 지니고 인간과 공감대를 형성하고 있는 것으로 설화화된 이야기가 우리 고전 설화에 꽤 많이 있다. 그중에서 동물이 인간에게 은혜를 갚는 설화를 찾아보니(한국정신문화연구원, 『한국구비문학대계』, 정신문화연구원, 1980-1984.의 설화를 조사해 보았다.) 총 195가지의 이야기가 나온다. 설화 속에 등장하는 동물들의 수도 모두 27가지로 많은 동물들이 등장함으로써 사람과의 친밀성을 가진 동물도 꽤 많았음을 볼 수 있다. 그중 개가 은혜를 갚는 이야기가 35가지로 타 동물에 비해 단연 월등하게 많음을 알 수 있었다.

1991년 알프스산맥의 빙하 속에서 발견되어 '아이스 맨'이라 이름 붙여진 5300년 전에 선사인 시체 옆에서 개의 시체도 발견되었지만, 학자들은 인간과 개의 동거는 이보다 더 오래전인 1만 년 전 이전부터로 추정한다. 유럽인이 북아메리카에 도착했을 때 이미 인디언들은 개를 기르고 있었고, 오스트레일리아에 사는 야생 개 딩고는 원주민들이 5000~8000년 전에 아시아에서 이주하면서 데리고 간 개가 야생화한 것으로 본다. 먼 선사 시대의 사람들이 살만한 터전을 찾아 어디론가 걸음을 옮길 때, 개는 앞서거니 뒤서거니 하면서 인간과 동행한 것이다. 인류 역사에서 가장 오래된 수메르 문명의 우화에서도 개가 가장 많이 등장하는 주인공이다. 물론 인간이 다른 동물을 가축화하여 집에서 기른 것은 오래된 일이다. 그러나 소나 염소가 풀을 뜯기 위해 풀밭에 있고, 오리나 거위가 나름의 생태로 인해 물에서 노닐고 있을 때, 개만은 인간 옆에서 사랑을 받으며 온갖 귀여운 짓을 하였던 것이다. 개는 가축 이상으로 인간과 같이 먹고 자는 친구며 가족이있던 것이다.

개는 사회성이 강해 혼자 있길 싫어하는 동물이라 한다. 고양이가 약 5000년 전,

돼지가 동남아시아에서는 약 4800년 전, 유럽에서는 약 3500년 전, 닭은 들 닭을 3000~4000년 전 가축화한 것에 비해 개는 월등히 이른 시기에 가축화가 이루어진 것을 볼 때, 개의 강한 사회성의 본능이 인간이 가축화하는 과정에서도 인간과의 연대감으로 발전할 수 있었던 것으로 생각된다. 아마도 대개 지능이 높은 동물의 사회성일수록 그 사회성은 사회성 이상의 의미를 가지며 이것은 의식이나 감정의 교류까지 발전하리라 여겨지는데, 그 좋은 예가 개라 할 수 있을 것이다.

이런 이유로 인해 사람들은 개에게 강한 친근감을 가졌을 것이고, 자연스럽게 개와 관련된 많은 이야기를 창출했을 것이다. 우리나라의 전래 설화 중에서 개와 관련된 이야기가 많은 이유도 그런 이유에서 벗어나지는 않는다. 개에게 인격을 부여하여 윤리의식, 도덕관념의 편에서 그것에 위배되는 행위를 하는 사람은 응징하고 경계하고자 하는 의미로서 해석할 수 있다.

개는 사람에게 은혜 갚는 동물 중에서 가장 빈도수가 많은 대표적 동물로서 충, 의라는 윤리적, 도덕적 가치의 덕목이 결합된 동물로 등장한다. 개의 이런 충정은 설화의 한 유형을 만들 정도로 흔하다.

여기에서는 그중에서 충견으로서 주인에게 특이하게 은혜를 갚은 기특한 개의 이야기를 해보고자 한다. 이 이야기의 주인공인 개는 지관과 같은 특별한 능력을 발휘하여 인간 이상의 특별한 일을 행하여 주인의 은혜를 갚는다.

'명구 무덤'

그건 개 묻은 땅이옌(땅이라는) 말이쥬. 그 개가 흰 갠디 오랫동안 질루와서(길러와서) 조꼼도 주인에 성가시럽게 아니하고 늘 주인의 말도 잘 듣고 어디 가문 벗 뒈고 도둑놈이 범치 못하고 하니 아껴서 질루는디 주인이 이제 오래 질루다가 주인이 빙나서 오랫동안 유울다가(앓다가) 죽어 부리니 개가 오꼿(그만) 나가 불엇어. 기여니 집이서는 옛날 정승덜 멧분썩(몇분씩) 달안(데려서) 살멍(살면서) 산보레덜 댕겨신디(다녔는데) 사랑하던 개고 주인이 죽어무리고 한디(했는데) 어디 가싱고(갔는고) 하연.

흰 개가 도망가불고 검은 개가 들어완. 그만 죽게 된 검은 개가 들어왓어. 자세히 살펴보니 흰 개가 흑투성이 뒈연 들어완. 꽝(뼈)만 부떳고 그 산하는(무덤 만드는) 기림(그림)을 다 기려(그려)두고 왓어. 와서 줘도 뭐 먹도 안고 하도 응석하여 가니 이젠 한번 가자고. 그 정시(지관)를 다리곡 하연(데리고 하여) 가찌(같이) 가 본다고. 가보니 정시 하는 말이 "자기네는 이 정도의 산(좋은 묏자리)을 구할 수가 웃다."고.

부귀겸전지지(富貴兼全之地)라고. 부나 귀가 겸한 땅이라고. 기영해연 거기 산을 는디, 나중에 멧

개월 잇단 그 개가 죽으난 가찌 간 묻엇젠. 그것이 맹구 무덤이라고.

이 이야기는 오랫동안 기르던 개가 주인이 죽자 주인이 묻힐 묏자리를 찾아 지칠 때까지 돌아다니다가 묏자리를 구해서 집으로 돌아온 제주도의 설화이다.

우리 선조들은 죽은 사람을 묻는 묏자리에 따라 남아 있는 자손과 그 후손의 운명까지도 달라진다는 생각을 가지고 있었다. 이것이 지금까지도 내려오는 풍습이며, 이러한 묏자리를 명당자리라 하여 그것을 전문적으로 찾는 사람까지 있어 지관(地官)이라 한다. 이 설화에서는 부귀겸전지지(富貴兼全之地)라 하여 자손이 부하고도 귀하게도 하는 명당자리를 개가 자기를 길러준 주인의 은혜를 갚기 위해 찾은 것이니 참으로 그 충정이 사람보다 더 낫다고 할 것이다.

또 더 나가 우리 조상들이 묏자리라도 잘 써서 대대손손 후손들이 부귀영화를 누리게 되었으면 하는 바람을 '명구무덤' 전설에서 엿볼 수 있는데, 이는 말 못 하는 동물이지만 은혜를 베풀면 그 동물도 은혜를 갚는다는 소박한 윤리의식까지 살펴볼 수 있어 흥미롭기까지 하다.

물론 의견 설화는 약간의 과장이 있다 할 수 있지만, 당시의 현실에 있었던 사건이 설화로 전환되었다고 보는 견해는 학계에서도 지배적이다. 어쨌거나 설화 속의 개 이야기는 사람의 도리를 개를 통해서 배울 수 있고, 만물의 영장인 우리 사람들의 부끄러운 단면을 돌아보며 반성할 기회를 제공한다. 개는 우리 사람과 가장 친근한 친구이며, 가족이면서도 때로는 우리에게 교훈을 주는 선생이기도 하다.

다음 이야기는 풍수지리에 밝은 개 이야기이다.

경북 예천 땅에 오백이 재라는 고개가 하나 있다. 이 고개는 호명면 오천동 가는 길로서 그 왼편에 묘가 하나 있고 그 아래에 또 하나 작은 묘가 있다. 아래의 작은 묘를 그곳 사람들은 개 묘라고 부르며 거기에는 다음과 같은 전설이 얽혀있다.

옛날 박씨 성을 가진 한 선비는 기르는 개를 매우 사랑하였다. 살림이 궁핍하여 밥 굶기를 마치 밥 먹듯이 하였지만 개를 굶기는 법은 없었다. 그렇게 지성으로 개를 길렀던 그가 한겨울인 어느 날 갑작스러운 상을 당하고 말았다. 북풍한설이 몰아치는 엄동설한에 상을 당하고 보니 눈은 키만큼 쌓인 데다 가난한 마당에 풍수(여기서는 지관을 의미함)를 쓸 수도 없어 대책 없이 한숨만 들이쉬고 내쉬고 하고 있었다. 그런데 신통하게도 상을 당한 날부터 그 집 개가 밥을 안 먹기 시작하는 것이었다. 그러니 장사 지낼 걱정에 상주도 여위고, 게다가 밥 굶는 개까지 비쩍비쩍 말라 가는 것이었다.

상주인 박씨는 생각하다 못 해 대충 양지 바른 곳에 시신을 안장시키려고 일을 시작했다. 그랬더니 기다렸다는 듯이 주인을 따라 나온 개가 상주의 옷섶을 물고 자꾸 당기는 것이었다. 이런 행동이 한두 번이 아니고 몇 차례 되풀이되자 상주는 개가 하는 대로 내버려 두어 보았다. 상주의 옷자락을 문 개는 그곳을 떠나 숲을 지나서 물을 건너 어디론가 자꾸 가는 것이었다. 그러더니 다다른 곳은 다 눈이 쌓여 있는데 희한하게도 묘를 쓸 수 있을 만한 자리에 눈이 녹아 있는 곳으로 박씨를 안내하는 것이었다. 그리고 개는 죽었다.

그곳이 바로 묏자리가 되고 박씨는 사람을 묻고 난 후, 그 아래에 개 묘를 만들어 주었다.

4. 들불로부터 주인을 구해준 개 이야기

가장 널리 알려진 설화의 주인공은 오수의 개를 들 수 있다. 1972년 12월 2일 전라북도민속자료 제1호로 지정된 것으로, 오수리 마을에 세워진 개무덤과 비석이 있다. 오수리 의견설화는 전국적으로 유명하며 여러 문헌에 실려 있는데, 고려시대 최자(崔滋)가 지은 《보한집(補閑集)》에 다음과 같이 기록되어 있다.

약 1천 년 전 김개인(金蓋仁)이란 사람이 장에서 친구와 술을 마시고 몹시 취하여 집에 돌아가던 중 잔디밭에 누워 잠이 들었다. 이때 인근에서 불이나 김개인에게 불길이 번지자 개는 냇가에 가서 몸을 적시어 주인 주위의 풀에 물기를 배게 하여 근방의 불길은 잡았으나 개는 지쳐 쓰러져 죽고 말았다.

김개인이 깨어나 이 사실을 알고 노래를 지어 슬픔을 달래고 무덤을 만들어 장사지낸 뒤 이곳을 잊지 않기 위하여 무덤 앞에 지팡이를 꽂아 두었다. 얼마 후 지팡이에 싹이 돋기 시작하여 하늘을 찌를 듯한 큰 느티나무가 되었다. 그때부터 이 나무를 오수라고 했으며, 마을 이름도 오수라고 부르게 되었다 한다.

후에 동네사람들이 주인을 살린 개의 충성심을 후세에 기리기 위해 의견비를 세웠으나 오랜 세월의 풍파로 글씨가 마멸되어 알아볼 수 없게 되었다. 지금의 의견비는 1955년 4월 8일에 세운 것으로 비각을 세우고 주위를 단장하여 원동산 공원을 만들고 일주문까지 세웠다.

이런 유형의 이야기는 오수 지역뿐만 아니라 전국 각지에서 보이는 전설 형태이다. 살신성인(殺身成仁)하는 개 이야기가 아닐 수 없다. 선산군에도 이와 비슷한 이야기가 있는데, 두 가지 이야기가 전해진다.

약 3백 년 전 선산의 동쪽 연향(현, 해평면 산양리)에 살던 우리(郵吏) 김성원이 개 한 마리를 길렀는데, 이 황구(黃狗)가 영리하여 사람의 뜻을 잘 알았다. 어느 날 주인이 이웃 마을에 놀러 갔다가 말을 타고 돌아오는데 술이 취하여 말에서 떨어져 길에서 깊은 잠이 들었다. 그때 곁에서 불이 나서 주인이 위험하게 되자 개는 낙동강 물을 온몸에 적셔 불을 끄고는 죽었다. 주인이 술이 깨어 일어나서 개가 자기를 구하고 대신 죽었음을 알고 크게 감동하여 거두어 묻어주었다. 그 후로 주위 사람들이 그 개의 충성된 의로움을 기려왔으며 1665년 선산부사 안응창은 의열도에 의구전을 기록하였고 이 개무덤은 구미시 해평면 낙산리에 지금도 있다.

위의 내용은 오수의 개 이야기와 그 내용과 구조가 똑같다. 그러나 구전설화에서는 주인과 개가 함께 죽는다는 이야기가 전한다.

선산군 도개면에 개를 먹이는 사람이 있었는데, 어느 날 장에 갔다. 개가 주인을 따라왔는데, 도개면이 낙동강과 경계하고 있는데, 술에 취해서 풀숲에 누워 잠을 자 버렸다. 그런데 어디선가 불이 났는지 원인 모를 불이 타올라 주인이 타 죽을 지경이 되었다. 개가 그것을 보고 강이 가까운지라 물에 빠져서 물을 적셔 주인이 잠들어 있는 근처에 적셔주었다.

반복하다 그만 개가 지쳐서 죽어버렸다. 나중에 사람들이 보니 사람도 죽고 개도 죽어있었다. 사람들이 추측하기를 개가 주인을 위해 애쓰다 죽은 것으로 보고 그 충성심을 높이 기려 개무덤을 만들어 주었다. 그 의구총은 선산면 도개면에 있다. 선산면에는 의우총(의로운 소무덤)도 있다. 선산 읍지에 그 내용이 적혀 있다고 한다.

또 이런 이야기도 있다.

조선조 말기에 철마면 연구리 마을에 서홍인(徐弘仁)이라는 장정이 살았는데, 그는 부산성의 입방군(入防軍)으로 복무하면서 개를 데리고 다녔다. 그런데, 하루는 횃불을 들고 개와 더불어 개좌산 고개를 넘어오다 피곤하여 횃불을 돌 위에 놓고 잠시 잠이 든 사이에 횃불이 풀숲으로 번져 주인이 타죽게 되자, 개가 개울에 가서 몸에 물을 묻혀와 잠든 주인의 주변 풀숲에 뿌려 주인을 불길에서 구해주고 죽었다는 의구(義狗) 전설이 있다.

천안 병천에도 이런 의견 설화가 전해져 '개목이' 혹은 '개목고개'란 지명이 아직까지도 있다.

어떤 사람이 봄에 자기 집 개를 데리고 술이 취해 가지고 이 고개를 넘게 되었는데 마루턱에서 쉬다가 잠이 들었다. 그때 마침 산불이 나서 이 사람이 타 죽게 되어도 잠에서 깰 줄을 모르고 곤히 자므로 따라 다니던 개가 급히 그 아래 냇가에 가서 몸을 냇물에 적시어 가지고 불 위에 둥글어 몇 번을 계속하여 불을 끄고 주인을 살렸으나 개는 죽고 말았다고 한다. 주인이 잠에 깨어 일어나 보니 옆에는 온통 재로 변하여 있고 자기가 요행히 살게 된 것이 개의 도움인 것을 깨닫고 이후로는 술을 끊고 마시지 않았다고 하며, 미물인 개가 주인을 위하여 죽었으므로 의구시를 지어 돌에 새겨 의구비를 세워주고 개의 장사를 잘 지내 주었다고 한다.

지금까지도 마을에서는 정월 길일을 택하여 개목이 산신제를 드리고 있다.

김세시 순동마을에 세워져 있는 의견비에 대한 전설 등으로 전해 내려오는 이야기를 보면 아주 오랜 옛날 김제군 옥산리에 김득추라는 사람이 살고 있었다 한다. 이 사람은 평소 동물들을 좋아하여 그의 집에 온갖 동물이 많았다고 하며 그중에서도 개를 몹시 좋아하여 자기가 기르는 개와 함께 하였다 한다.

그러던 어느 날 개와 함께 외출하여 친구 집에서 술을 먹고 오다 술이 취해 풀밭에 잠깐 잠이 들었다. 그러나 갑자기 주위에서 일어난 불이 주인 김득추가 잠들어 있던 자리까지 불이 타오르게 되자 같이 간 개가 김제시 순동마을에 있는 김이제라는 방죽(연못)에서 꼬리와 몸에 물을 묻혀 주인의 주위에 있는 풀에 불이 붙지 못하도록 하고 주인을 위해 지쳐서 죽게 되었다. 잠에서 깬 주인이 자기를 위해서 죽은 개를 그곳에 묻어 주고 이후 문중에서 주인을 구하고 대신 죽은 개의 넋을 위로하기 위해 김씨 종중에서 개가 죽은 곳에 의견비를 세워 주게 되었다는 이야기가 전해 내려오고 있다.

이후 마을 사람들은 개가 꼬리와 몸에 물을 적셔 주인을 구한 방죽이라 하여 이곳을 개방죽이라고 부르게 되었다고 한다. 김제시 순동리 마을에 있는 연못(방죽)으로 김이제(金伊堤)라 한다. 이전에는 이 방죽 물로 김제 백학리 일대의 논들이 이 김이방죽 물을 이용하여 농사를 지었다 한다. 이 방죽은 1980년대까지도 있었으나 지금은 메꾸어진 상태이다.

구미 해평면에서 전해오는 의구총 이야기도 비슷하다.

『의열도, 義烈圖』에 있는 의구전은 조선 인조(仁祖) 7년(1629) 선산부사(善山府使) 안응창(安應昌)이 만든 것인데, 그 책에 황구(黃狗)의 내용이 자세히 전하고 있다.

약 300여 년 전에 선산 해평 산양에 사는 김성원(金聲遠)이라 전하는 집에 황구를 한 마리 길렀다. 하루는 주인이 이웃마을에서 술을 마시고 취해 귀가하던 중 월파정(月波亭) 북쪽 길가에서 잠이 들고 말았다. 이때 불이 나서 주인이 위험하게 되자, 황구가 낙동강에 뛰어가 몸에 물을 적셔 주인 주위의 불을 꺼, 주인을 살리고 죽고 말았다. 개 때문에 살아난 주인은 깊이 감동하여 관을 갖추어 매장하고 의구총을 만들어 개의 의로운 죽음이 세상 사람들에게 알려지게 되었다고 한다.

그 후로 주위 사람들이 그 개의 충성된 의로움을 기려왔으며 1665년 선산부사 안응창은 의열도에 의구전을 기록하였고 이 개무덤은 구미시 해평면 낙산리에 지금도 있다.

구미 해평면의 의견 주인의 이름이 김성원이란 설도 있지만, 다른 기록에는 '노성원'이란 이름으로 구전되기도 한다. 입에서 입으로 전해지는 구비문학의 특성상 간혹 이렇게 이야기의 뼈대만 살린 채 그 외의 내용이 조금씩 변하는 것은 흔한 일이다.

구미 낙산리의 이 의견설화는 『일선지』, 『선산부읍지』, 『선산읍지』, 『청구야담』, 『파수록』, 『한거잡록』, 심상직(沈相直)의 『죽서유고(竹西遺稿)』 등에 전하고 있는데, 개 주인이 노성원이란 이름이 김성원(金聲遠) 또는 김성발(金成發)로 바뀌기도 했다.

'노성원'이란 이름과 지역이 산양이 아닌 '연향'으로 전해지는 전설을 보면 다음과 같다.

일선교에서 대구로 오다가 일선리를 지나자마자 국도변인 구미시 해평면 낙산리 148번지에는 잘 정비된 의구총(義狗塚)이 있어 사람의 발길을 멈추게 한다. 이 의구총에는 다음과 같이 주인을 살리고 죽은 의로운 개 이야기가 전하고 있다.

지금으로부터 400여 년 전 연향(延香, 현 구미시 해평면 낙산리)에 노성원(盧聲遠)이라는 우리(郵吏, 지금의 우체부)가 살고 있었다. 그는 황구(黃狗) 한 마리를 기르고 있었는데, 이 개는 천성이 유순하고 눈치가 빠르고 민첩하여 사람의 뜻을 잘 꿰뚫어 보았다. 또한 주인의 명령을 잘 따랐으며 한시도 주인 곁을 떠나지 않았다.

하루는 노성원이 이웃 마을에 일을 보러 갔다가 술에 잔뜩 취한 채 말을 타고 집으로 돌아오고 있었다. 노성원은 월파정(月波亭)의 북쪽 한 길가에 이르러 말에서 떨어져 정신없이 쓰러져 자고 있었고, 황구는 주인 옆에 앉아 주인이 깨어나기를 기다리고 있었다. 마침 길 옆 숲에서 일어난 들불이 차츰 번져 세상모르고 자고 있는 노성원 가까이로 타들어오고 있었다. 황구는 주인을 깨우기 위해 노성원의 옷을 물어뜯고 얼굴을 핥고 하였으나, 술에 곯아떨어진 노성원은 좀처럼 일어나지 않았다.

어느새 불길이 노성원의 옷에 옮겨 붙을 기세였다. 다급해진 황구는 수백 보 떨어진 낙동강까지 달려가서 온몸에 물을 흠뻑 적시고 와서는 불에 뒹굴어 불을 끄기 시작하였다. 황구는 있는 힘을 다해 수십 번 왕복한 끝에 겨우 불을 껐으나 안타깝게도 온몸의 털이 심하게 탄 채 기진맥진하여 그 자리에서 죽고 말았다. 아무것도 모른 채 한참을 푹 자고 난 뒤에 일어난 노성원은 자신의 옆에 몸이 젖고 꼬리가 탄 채 죽어 있는 황구를 발견하였다. 이상하게 여겨 주위를 두루 살펴보니 황구가 불을 껐던 흔적이 있고, 젖은 재가 사방에 흩어져 있었다. 그제야 황구가 자신을 구하고 목숨을 잃었다는 사정을 알고 깊이 감동하여 추도하고 관을 갖추어 장사를 지냈다.

후세 사람들이 그 황구를 의롭게 여기고 가엾게 여겼으며, 그곳을 개무덤 터[狗墳坊]라고 하였다. 지나가는 길손들은 모두 황구의 의로움을 이야기하고 주인을 위하여 목숨을 바친 것을 찬탄하였다고 한다. 1665년(현종 6) 선산부사 안응창(安應昌)이 고을 노인에게 의구 이야기를 듣고 「의구전(義狗傳)」을 지었고, 1745년 박익령(朴益齡)이 화공에게 약가(藥哥)의 정열(貞烈)을 그린 「의열도(義烈圖)」 4폭과 함께 「의구도(義狗圖)」 4폭을 그리게 하여 『의열도』에 첨부하였다.

의구총은 1952년 도로에 편입되어 공사중 비(碑) 일부가 파손된 것을 봉분과 아울러 수습하여 일선리 마을 뒷산에 옮겼으나 또 다시 일선리 마을이 조성되자 1993년 원래의 위치에 가까운 지금의 위치로 옮기고 『의열도』에 있는 「의구도」 4폭을 화강암에 조각하여 봉분 뒤에 세우는 등 일대를 정비하여 의구를 기리고 있다. 봉분은 직경 2m, 높이 1.1m, 화강암에 새긴 「의구도」는 가로 6.4m, 세로 0.6m, 너비 0.24m이다. 1994년 9월 29일 경상북도 민속자료 제105호로 지정되었다.

들불의 위험으로부터 주인을 구한 의로운 개 이야기는 전국적으로 상당히 많이 분포되어 있다. 다 일일이 소개할 수 없지만 특별한 것이 있어 마지막으로 소개하고자 한다. 대부분 주인이 남성임에 반해 개가 구한 주인이 여성(노파)인 내용이 있다. 현재 양평에 그 전설이 전해지는데, 동국여지승람에 의하면 오빈역(양근)이라 한 곳이다. 〈동국여지지〉에는 오빈역과 관련해 의로운 개에 관한 재미난 전설이 전해지고 있어 눈길을 끌고 있다. 전설의 내용은 오빈역 남쪽 길가에 의로운 견공의 무덤이 있었다는 것이며, 그 무덤이 왜 생겨났는지를 설명하고 있다.

한 노파가 개를 기르고 있었는데 어느 날 산불이 나서 불길이 노파에게까지 번져 위험한 지경에 이르자 개가 강물에 달려가 몸에 물을 묻혀 와 노파를 구하고 자신은 기진맥진해 숨을 거뒀고 사람들은 의로운 개라 하여 장사를 지내 주었다는 내용이다. 실제 오빈역 인근에는 강물이 흐르고 있어 이 전설 같은 이야기의 신빙성을 더해 주고 있다.

5. 맹수로부터 주인을 구한 개 이야기

옛날 어느 부잣집에 스님 한 분이 시주를 받으러 왔다. 그 스님은 시주 쌀을 받아가면서 그 집이 삼 년 안에 환난을 만날 것이라고 예언하는 것이었다. 문지기로부터 이 말을 전해들은 주인은 동구 밖까지 쫓아나가 스님을 붙잡고 어떻게 하면 그 액운을 막을 수 있겠느냐고 정중히 물었다. 그러자 스님은 개 세 마리를 데려다 열심히 키우되 대문의 안과 밖, 그리고 마루 밑에 두라고 하고는 홀연히 사라지는 것이었다.

스님의 말을 듣고 개 세 마리를 키우기를 삼 년이 되던 섣달 그믐날 밤, 주인은 밖에서 세 마리의 개가 마당에서 무엇인가와 요란스럽게 싸우는 소리를 들었다. 바로 그것이 3년 전에 스님이 예고한 환난임을 알아차린 주인은 이불을 머리끝까지 뒤집어쓰고는 꼼짝도 못한 채 밤을 새웠다.

다음날 아침 주인이 마당으로 나가보니 그곳에는 엄청나게 큰 고양이 한 마리와 개 세 마리가 죽어 있는 것이었다. 원래 그 집에는 3대째나 내려오며 기르던 고양이가 있었는데, 그 고양이가 제사상에 올려놓은 고기 산적을 핥다가 주인에게 담뱃대로 얻어맞아 한쪽 눈이 빠진 채로 사라져 버렸었다. 바로 그 고양이가 주인에게 앙심을 품고 3년 동안 도술을 닦아 복수하러 왔다가 충실한 개들에게 죽임을 당한 것이었다.

이 전설은 충남 홍성군 외리에 전하는 것으로 개 전설에 흔한 보은형 설화다.

조금 주제와 빗나간 이야기이긴 하지만, 거제 하청면에 전해지는 전설에 호랑이를 잡은 우스운 강아지 이야기가 있다.

옛날 강원도 금강산에는 호랑이가 많다고 한다. 어떤 사람이 그 호랑이를 잡으려고 꾀를 하나 냈다. 그는 조그만 강아지를 한 마리 길러서 참기름을 자꾸 발라 주었다. 그러던 어느 날 그 강아지에 줄을 달아서 허리에 매고 금강산으로 갔다. 산 아래에서 동정을 살피니 저만치서 호랑이가 나타난 것이 보였다. 그는 재빨리 강아지를 큰 나무 아래에 매어 놓았다. 이것을 본 호랑이는 한입에 강아지를 삼켜 버렸다. 참기름을 잔뜩 바른 강아지는 호랑이의 몸속을 통과하여 항문으로 쏙 빠져 나왔다. 다른 호랑이도 와서 강아지를 삼켜 버리니 또 빠져 나왔다. 이렇게 하길 거듭하다 보니 많은 호랑이가 줄에 끼여서 꼼짝을 못하고 있었다. 호랑이를 잡으러 온 다른 포수가 참 신기하게 잡힌 호랑이들을 보았다. "우째 잡았나?" 그는 그냥 잡았다고 얼버무렸다. 그러자 포수는 산에 올라가서 노력도 안 해보고 다른 포수들을 데리고 와 호랑이를 모두 빼앗아 가죽을 벗겨갔다. 이 사람은 여럿인 포수들에게 대들 수가 없어 할 수 없이 호랑이를 빼앗겼다. 그러나 다시 꾀를 내어 포수에게 부탁했다. "내 청이 하나 있다." "무언데?" "호랑이 왼쪽 귀를 내가 조금씩 베어 갈란다." "겨우 그거야? 그래 떼 가. 조금 베어 가도 호랑이 가죽 파는 데는 지장이 없으니까."

출처: 국립중앙박물관(http://www.museum.go.kr), 필자미상

그래서 그 사람은 잡은 호랑이의 왼쪽 귀를 조금씩 베어 가졌다. 포수들은 벗긴 가죽을 지고 서울 시장에 팔러 갔다. 호랑이를 빼앗긴 사람은 서울의 어느 대감 집에 가서 자기가 잡은 호랑이를 찾아 달라고 부탁했다.

"아, 그, 그 정말이냐? 네가 잡았다는 증거는 있느냐?" 있다고 하니 대감은 그 사람과 자신의 하인들과 같이 호랑이 가죽 파는 곳에 가서 증거가 무엇인지를 물었다.

"제가 이 포수들한테 가죽을 벗길 때 왼쪽 귀를 조금씩 배어 왔지요."

과연 그들이 호랑이의 귀를 가죽에 대어보니 전부 딱 맞는 것이었다.

"아, 이것은 틀림없이 이 사람이 잡은 것이다."

대감은 포수에게서 호랑이 가죽을 전부 빼앗아 주인에게 돌려주었다. 이렇게 하여 그 사람은 가죽을 팔아 부자가 되었다.

사냥을 할 때 혹은 밤길을 갈 때 호랑이나 위험한 맹수로부터 주인의 목숨을 구하기 위해 용감히 맞서 싸운 개들이 이야기는 도처에서 심심치 않게 들을 수 있다. 그런 내용은 생략하기로 한다.

6. 위험으로부터 주인의 목숨을 구한 개 이야기

백제 제23대 동성왕(東城王) 때 서울인 웅진(雄鎭) 시내에 비룡(飛龍)이란 개가 있었다. 비룡은 김이달(金伊達)의 집에서 기르는 개로 매우 영리하고 슬기로웠다. 김생(金生)은 성품이 어질고 덕이 있어 늘 남을 위하여 일하는 것을 꺼려하지 않았다.

한편 이웃 사는 박제운(朴提雲)이란 사람은 살림이 어려워 김생으로부터 많은 도움을 받으며 살았다. 김생은 박생(朴生)에게 쌀이 떨어지면 쌀을 주고, 옷이 없으면 자기가 입던 옷까지 벗어주는 것을 서슴지 않았다. 그런데 박생은 원체 게을러서 자기 힘으로 잘 살아보겠다는 생각은 조금도 없었다.

어느 날 김생을 찾아 온 박생이, "식량이 떨어졌으니 좀 꾸어주고, 옷이 다 떨어져서 곤란하니 한 벌만 빌려주었으면 하네."라고 하였다. 김생은 의지만 하려고 하는 게으른 박생의 버릇을 고쳐 놓으려고 청을 거절하였다. 그리고 이웃 친구인 이생에게 가서 박생의 염치없음을 말하였다. 그런데 이생이 이 말을 박생에게 전하였다. 이에 박생은 앙심을 품고 김생을 해치고자 마음먹었다.

하루는 김생이 출타를 하려 하였다. 그런데 김생의 개인 비룡이 옷을 물어 당기며 출타를 막았다. 개를 물리치고 얼마쯤 걸어가는데 다시 비룡이 짖으며 김생의 옷자락을 물고 늘어졌다. 김생은 개가 끄는 대로 따라갔다. 얼마 안 있어 쿵 소리가 나기에 뒤돌아보니 바로 개가 옷을 당기던 지점에서 웬 사람과 소가 땅 속으로 떨어져 죽어 있었다. 누군가 파 놓은 함정에 빠져 죽은 것이다.

어느 날 박생이 김생을 초대하였다. 그동안 신세를 져서 고마움의 뜻으로 술대접을 하려 한다는 것이다. 김생은 박생의 호의에 흔쾌히 승낙하고 더불어 술잔을 나누었다. 그런데 김생이 잠시 자리를 비운 사이에 박생이 술잔과 음식에 독을 탔다. 김생이 들어와 술을 들려는 순간 비룡이 달려들어 술잔과 술상을 엎어버렸다. 김생은 노기가 나서 비룡을 혼내 주었다. 그때 마당의 닭이 안주를 쪼아 먹더니 이내 죽어버렸다. 김생은 비룡이 또 한 번 자신의 목숨을 구해 주었음을 알고 그 자리를 피해 집으로 돌아왔다.

또 하루는 김생이 친구들과 이웃으로 마을을 갔다. 그런데 갑자기 소나기가 억수같이 쏟아져 제민천(濟民川)이 온통 흙탕물 바다가 되었다. 김생 일행은 이 시내를 건너야만 집에 갈 수 있기 때문에 어쩔 수 없이 그냥 시내를 건넜다. 그들은 시내 가운데서 모두 물살에 휩쓸려 떠내려갔다. 이때 비룡이 물속에 뛰어들어 김생을 구하고 나머지 일행을 구해냈다. 그리고 마침내 지쳐서 자신은 물살에 휩쓸려 죽고 말았다. 안타깝게 숨진 비룡의 원혼은 그 자리에 바위가 되었다고 한다. 사람들은 이 바위를 충견 비룡이라 하여 개바위라 부른다.

이 이야기는 공주에서 전해오는 전설로, 시내의 남쪽 오통 거리에서 제민천을 따라 약 200미터가량 현 교육대학 쪽으로 가다보면 복판에 우뚝 서 있는 '개바위'에 대한 전설이다.

이 '개바위 전설'은 자기를 돌봐 준 주인에게 충성을 다하다 죽은 충견 모티프를 근간으로 하고 있다. 충견 비룡이 주인을 구하는 첫째와 둘째의 사례는 예지력을 바탕으로 하는 것이고, 셋째의 행위는 몸을 던져 주인에 대한 충성심을 보여주는 의견설화의 대표적인 것이라 하겠다.

산청에 전해지는 전설 중에 목숨을 바쳐 주인을 구한 충견에 대한 것이 있다. 작산마을 뒷산 도장골에는 의구비가 있다. 의로운 개의 무덤을 표시한 비석으로 길이 1.5m 넓이 80cm가 되며 고려 때의 무덤으로 추정하고 있다. 지금까지 구전되어 오는 사연은 상세하지는 않고 다만 단편적으로만 남아있다. 현재 법물에 일촌을 이루고 있는 상산 김씨들이 고려가 망하자 입주할 당시에는 진양 유씨들이 거주하고 있었는데 그중에는 만석꾼이 살고 있었다 한다. 지금도 그 만석꾼 집터에서 기와 석편 등이 나오고 있다.

그런데 그 집에는 영리한 개가 한 마리 있었다. 평소에 일반인과 도적을 잘 구별하여 일반인이 찾아오면 꼬리를 흔들어 반기며 도적이나 심술이 궂은 사람이 찾아오면 사납게 짖으며 달려들어 귀신 잡는 개라고 소문이 나 있었으므로 그 집에는 도적이 범접을 하지 못하였다. 여름이 된 하루 밤에는 그 집 과부가 마을 앞산에 있는 도장골 약수터에서 약수를 길러 오던 중에 괴승에게 붙들려 납치되어 가는데 마침 이것을 개가 발견하고 달려가서 그 괴승과 혈투 끝에 물어 눕히고 과부를 구하게 되었는데 이때 그 개는 큰 부상을 입고 사흘 만에 죽게 되었으며 주인은 그 개의 죽음을 슬피 여기어 음식을 갖추어 이곳에 장사를 지내고 비를 세웠다고 전해진다.

7. 주인의 억울한 죽음을 풀어 준 개 이야기

충과 효를 넘어서 의를 지키는 개도 있다. 평양 선교리 대동강변 둔덕에 있는 의구총(義狗冢) 이야기가 있는데, 겁탈당하고 죽은 주인인 수절과부의 억울함을 하소연하려고 관찰부를 찾아가 매일 밤낮으로 짖어대어 결국 범인인 이웃집 건달을 잡도록 하기도 한다. 참으로 영물이 아닐 수 없다.

이와 비슷한 이야기가 경남 하동에서 전해진다.

옛날 경남 하동에 어린 딸과 몸종을 데리고 살던 과부가 있었다. 어느 날 밤 이 과부에게 음심을 품은 불한당이 과부 방에 뛰어들어 강간을 하려 했다. 과부가 완강히 거부하며 몸부림치자 불한당은 과부는 물론 이를 목격한 어린 딸과 몸종까지 죽이고 달아났다.

다음날 이 고을 동헌에 개 한 마리가 찾아와 무엇인가 하소연하듯 칭얼댔다. 관원들이 이를 보고 개를 쫓아버렸지만 개는 아랑곳하지 않고 다시 찾아왔다. 그러자 이를 이상히 여겨 관원들은 개의 뒤를 따라가 보았다. 개의 뒤를 따라가 보니 세 사람이 칼에 찔려 죽어있는 것을 보게 되었다. 포졸들은 이를 현감에게 보고하고 살인자를 찾던 중 사건 현장에 몰려온 구경꾼 중에 한 사내를 보고 개가 사납게 짖으면서 덤비므로 포졸은 그 사내를 잡아 문초하였다. 문초한 결과 사내가 세 사람을 죽인 바로 그 불한당임이 밝혀지게 되었다.

마을 사람들은 세 사람을 장사 지내고 묻어주었는데 이 개는 무덤 곁을 떠나지 않고 며칠을 슬피 울다가 굶어죽고 말았다. 개가 죽자 사람들은 주인의 무덤 곁에 묻어주었다.

또 도둑에게 피살된 주인의 원수를 갚게 한 이야기가 있다.

옛날 어떤 사람이 장에서 소를 팔고 돌아오다가 도둑을 만나 돈을 빼앗기고 죽임을 당하였다. 주인을 따르던 개가 이 광경을 지켜보고 집으로 달려가서 식구들의 옷자락을 물고 늘어지며 짖으므로 이를 이상히 여겨 개를 따라가 보았더니 주인의 시체가 있었다. 이를 관가에 알리고 도둑을 찾으려 하나 범인의 행방은 묘연하였다. 이때 다시 개의 힘으로 도둑을 잡아냈으며, 그 개가 뒤에 늙어 죽자 후히 장사를 지내 주었다고 한다.

주인의 억울함을 복수해준 개의 이야기도 있다.

옛날 경주 땅에 살던 최씨라는 사람이 하루는 들일을 나갔다. 그런데 어느 틈엔가 개 한 마리가 일을 하고 있는 그의 곁에 와 어슬렁거리므로 최씨는 그 개를 물끄러미 바라보고 있었다. 그때 길을 지나던 노인 한 분이 그 개를 데려가 기르면 꼭 한 번 유용하게 쓰리라 하므로 그 노인 말대로 하였다.

그 후 최씨는 열심히 일한 덕에 남부럽지 않은 부를 쌓게 되었는데 하루는 최씨의 재산을 탐낸 아전(衙前)이 그에게 누명을 씌워 사형을 당할 지경에 이르게 되었다. 마침 개 생각이 난 최씨는 집에 있는 개의 사슬을 풀어놓았다. 그랬더니 그 개는 곧장 관가로 달려가 아전들을 모조리 물어 죽인 후 숨을 거두는 것이었다.

죽은 후 그 개는 꼬리 아홉 달린 여우로 변했는데 최씨는 그 은혜를 기리기 위해 커다란 개무덤을 만들어 주었다.

8. 주인의 소식을 사람들에게 알린 개 이야기

옛날 북천 땅에 전린충(全燐忠)이란 사람이 살았다. 그는 용맹이 뛰어나고 힘이 장사라 말 다섯 필의 힘과 맞먹었는데 7세 되던 해에 무과에 합격하여 별시위(別侍衛)의 벼슬에 올랐다.

그는 후에 변방의 수비를 맡아 근무하던 중 난을 만나 전사했다. 하지만 식구들 중 아무도 그가 죽었는지 알 수 없었다. 그런데 그에게는 전쟁터에서 기르던 개가 있었다. 린충이 죽자 그가 기르던 개는 수백 리 밖의 린충의 친가를 찾아가 짖으며 부인의 옷깃을 물고 끌므로 변고가 있음을 알고 전쟁터를 찾아갔다.

개가 린충이 죽어있는 곳을 안내했으므로 그 시신을 찾아 장사 지낼 수 있었던 것이다.

문경에는 의구 서낭당이 있는데, 다음과 같은 전설이 전해온다.

옛날 유곡에 어떤 늙은이가 살았다. 노인은 집에서 개를 한 마리 길렀다. 여느 집 개처럼 이 개도 주인을 잘 따라다녔다. 개는 주인의 웃고 성내는 것을 가릴 만큼 영리했다. 유곡의 인근 부락인 불정(佛井)마을 어떤 집에 회갑잔치가 있었다.

노인은 이른 아침부터 잔칫집을 찾았다. 개는 적당한 거리를 두고 배행했음은 물론이다. 잔칫집에 가는 것은 경사를 축하해 주는 뜻도 있었지만, 굶주린 배를 채울 수 있는 기회가 되기도 했다. 노인은 아침부터 해 질 무렵까지 쉬지 않고 먹고 마셨다. 해가 지자 날씨가 추워지기 시작했다. 집으로 돌아가던 노인은 너무 취하여 엎어졌다가 가까스로 일어나고, 일어났다가는 엎어지곤 하다가 말목고개에 이르러 넘어져서 다시 일어나지 못했다. 추운 겨울바람이 술로 상기된 얼굴을 때려도 노인은 코만 드르렁 드르렁 곯았다. 얼어 죽게 될 지경에 이르렀다.

영리한 개는 주인이 바깥에서 자면 어떻게 된다는 것을 알았다. 개는 주인의 옷을 물고 필사적으로 흔들어댔지만 주인은 죽은 듯이 움직일 줄 몰랐다. 혀로 얼굴을 핥고 꼬리로 코를 간지려도 주인은 미동도 하지 않았다. 다급해진 개는 쏜살같이 집으로 달려갔다. 집에 이르니 마침 마당에 큰 아들이 서 있었다. 개는 막무가내로 주인 아들의 바짓가랑이를 물고 밖으로 끌고 갔다. 드디어 노인이 쓰러진 곳까지 주인 아들을 끌어 오는 데 성공했다. 한참 영문도 모르고 끌려갔던 주인 아들은 개의 영리한 행동에 탄복하고, 언 땅에 쓰러져 체온이 식어가는 아버지를 부리나케 업고 곧장 집으로 달려갔다. 노인을 아랫목에 눕혔을 때, 아들의 몸은 땀으로 흠뻑 젖었다.

아랫목에 한참 누워 있던 노인은 비로소 눈을 뜨고 여기가 도대체 어디냐고 물었다. 아들은 아버지가 깨어난 것을 보고 난 뒤에야 비로소 안도의 숨을 내쉬었다. 노인의 동사(凍死)를 면한 것이 개의 기지(機智)로 말미암은 것은 두말할 나위가 없다. 그 뒤 개는 주인 식구들의 극진한 사랑을 받고 지냈음은 쉬이 짐작이 갈 것이다.

한 해 두 해 세월이 흐르면서 개도 나이가 많아 늙어 죽게 되었다. 주인집에서는 마치 가족 중 한 사람이 죽은 것처럼 슬퍼했고, 개 무덤까지 만들었다. 무덤뿐만 아니라, 유곡(幽谷)의 이 의구(義狗)는 마을의 수호신인 서낭신으로 승화되어 기림을 받게 되었다. 의구를 서낭신으로 모신 서낭당은 유곡 말목고개에 세워졌다.

지금도 유곡 마본 마을에서는 음력 정월대보름에 의구를 서낭신으로 모신 이 서낭당에서 치성을 드리며, 정월부터 사월까지 보신탕을 먹지 않는 불문율을 지키고 있다. 이 서낭당을 세우고부터는 마을에 도둑이 들지 않아 개서낭의 영험이 있다고 주민들은 놀라워했다고 한다.

거제에는 똑똑한 개에 얽힌 이야기가 많이 전해지는데, 장목면에서 전해지는 전설이다. 어떤 부인이 몹시 앓고 있었는데, 남편이 제사를 지내러 병든 아내를 혼자 두고 큰댁에 갔다. 그날 밤에 증세가 악화되어 부인이 신음소리를 내며 거의 죽게 되었다. 고통의 신음소리를 들은 개가 남편이 있는 곳에 달려가 크게 짖으며 위험을 알려 남편이 즉시 집에 돌아와 부인의 목숨을 구했다.

9. 주인이 죽자 따라 죽은 개 이야기

옛날 대정읍 신도리에 영리한 개를 기르는 사람이 있었다. 그해에 흉년이 들자 토평이라는 먼 이웃마을로 무명을 팔러 집을 나섰다. 집을 나서려고 하는데 흰 진돗개가 주인을 따라 나서자 주인은 따라오지 말라고 해도 못 들은 척 주인을 따라 나섰다.

산방산에 가까이 와서 주인은 담배를 한 대 피우며 잠시 쉬고 있었는데, 그때 도적떼들이 나타나서는 주인의 짐을 전부 빼앗아 갔다. 그러자 개가 도적들을 쫓아가서 주인의 짐을 찾아왔다. 주인은 자신의 짐을 찾아다준 개를 고맙게 생각하며 함께 서둘러 토평으로 향했다. 토평에 다다를 무렵 짐승을 잡아 파는 사냥꾼을 만나 하룻밤을 보내게 되었다. 사냥꾼은 개를 보더니 개의 영리함을 한눈에 알아보고는 주인에게 개를 팔라고 했다. 주인은 자신의 짐도 찾아주고 여기까지 함께 온 개를 팔 수 없다고 했지만 사냥꾼이 백 냥이라는 큰돈을 주며 그 개를 사겠다고 하니 주인은 가난했기 때문에 어쩔 수 없이 개를 팔아 버리자 개는 주인과 아쉬운 이별을 해야 했다.

그 후 사냥꾼과 첫 사냥을 나가서 작은 몸이지만 용맹하게 큰 수사슴을 잡았다. 사냥꾼은 첫날부터 큰 수확이라고 무척 기뻐했다. 그날 밤 주인이 잠을 자고 있는데 밖에서 이상한 소리가 들려 나가 보니 자기가 사냥꾼에게 팔아 버린 개가 고기를 물고 온 것이었다. 사냥꾼이 살고 있는 곳에서 그곳까지는 아주 먼 길이지만 주인을 위해서 밤길을 달려온 것이었다. 이를 대견스럽게 여긴 주인은 개를 쓰다듬어 주면서 밥을 주었다. 그리고 개에게 사랑스런 목소리로 "아침이 오기 전에 빨리 떠나거라." 라고 말하자 개는 마당을 한 바퀴 돌고는 돌아갔다. 이렇게 개는 여러 해 동안 고기를 물고 밤마다 주인을 찾아갔다.

어느 날 밤 언제나 그랬듯이 주인을 찾아 왔지만 개를 맞이하는 이는 주인이 아닌 할머니였다. 할머니는 개를 반갑게 맞아주며 그동안의 일을 말했다.

"너는 주인을 위해서 왔지만 네 주인은 죽었단다. 말 못 하는 짐승이지만 살았을 때 왔으면 주인을 볼 수 있었을 것을 주인이 죽었으니 이젠 못 보게 되었구나."

이 말을 들은 개는 무척 슬퍼하며 물어온 고기를 놓고는 마당을 세 번 빙빙 돌더니 주인이 있는 곁으로 달려갔다. 그리고 주인의 무덤 앞에 구덩이를 마구 파고는 그곳에 들어가서 죽어 버렸다. 며칠 후 그 모습을 본 할머니는 개의 정성을 갸륵히 여겨 주인 무덤 옆에 잘 묻어 주었다.

지금도 고산으로 가는 신도리 근처에는 주인 무덤과 개무덤이 나란히 있다고 한다. 제주도에서 전해지는 충성스러운 개 전설이다.

위와 비슷한 내용의 전설로 제주도 표선면 성읍리에서 전해오는 것이 있다.

옛날 성읍리(表善面 城邑里)에 외로이 혼자서만 살아 가는 한 할머니가 있었다. 그 할머니는 먼 길을 다니다가 비루먹은 강아지 한 마리를 주워서 정성껏 잘 기웠다. 그 개는 자라서 사냥을 하고 나면 주인에게 분육해 준다는 조건으로 어느 사냥꾼에게 팔려갔다. 과연 그 개는 사냥이 끝날 때마다 분육한 고기를 입에 물고 자기를 키워준 할머니에게로 갖고 가는 것을 잊지 않았다. 그렇게 지내던 중, 그 할머니는 세상을 떠나고 말았다. 그 개는 할머니 무덤으로 가서 며칠 슬퍼하다가 그만 그 자리에서 죽고 말았다. 이 사실을 안 동네사람들은 바로 그 할머니 무덤 옆에다 개를 묻고, 그 무덤을 '개무덤'이라 해왔는데, 지금 바로 그 자리에는 어떤 사람의 묏자리가 들어서는 바람에 그 개무덤은 흔적 없이 사라지고 말았다.

위의 두 이야기는 모두 제주도에서 전해지는 것인데, 아마 제주도는 한라산을 중심으로 산간 지역이 넓으므로 사냥이 성행했던 곳이어서 그런 이야기가 나온 것 같다. 1900년대 초까지만 해도 제주도에서는 짐승 가죽으로 만든 옷을 입고, 사냥총을 메고, 개 한 마리를 거느린 사냥꾼을 만나는 일이 그리 어렵지 않았었다. 그래서 여러 설화에 사냥을 하는 모습이나, 직업적인 사냥꾼이 등장한다. 설화에 등장하는 개의 행위는 의견(義犬)이라고 불릴 수 있는 것이다. 주인과의 관계에서 충성과 의리를 지키고, 주인을 위해 우호적이며 희생적인 행동을 한다. 이 설화 속의 개도 사냥을 잘할 뿐 아니라, 주인에 대한 충성이 뛰어나다. 자신을 주워 길러 준 은혜를 잊지 않고,

다른 주인에게 가서도 늘 사냥물을 옛 주인의 집에 가져다준다. 또 주인이 죽게 되자 임종을 지키고, 주인이 죽은 후에는 식음을 전폐하고 굶어 죽는다. 마치 자식이 부모에게 하듯이 개가 주인을 섬기는 모습은 뭉클한 느낌까지 준다. 마지막까지도 은혜를 잊지 않고, 주인의 무덤 곁에 나란히 묻힌 개는 너무나 쉽게 은혜를 잊고 사는 우리들에게 여러 생각을 가지게 한다.

위의 내용과는 다른 양상이지만, 주인의 뒤를 따라 죽은 충견의 전설은 또 있다. 경북 의성 봉양면 장대리에 크고 작은 두 개의 비석이 있다. 이는 박씨 열녀비(烈女碑), 의구비(義狗碑)인데, 다음과 같은 아름다운 내용의 전설이 전해온다.

임진왜란 때 왜군이 그곳까지 쳐들어와서 미처 피난을 가지 못한 정태을(鄭泰乙)의 처 박씨와 두 딸이 잡혀 모진 고생을 하게 되었다. 왜군들이 달려들어 두 딸을 유린하려 하자, 왜군에게 욕보이느니 차라리 죽는 것이 낫다고 생각하여 박씨는 딸들을 칼로 베어 죽이고 자신도 그 자리에서 지결하고 말았다. 그러자 왜군들이 겁을 먹고 모두 달아났다. 이때 까막까치가 날아 와 그들의 시체를 해치려 함에 정씨 집안에서 기르던 개가 나와 시신을 훼손하지 못하도록 꼼짝하지 않고 밤낮 사흘을 지키다가 그 개도 굶어 죽어 버렸다.

난이 끝나고 박씨의 정조와 그 개의 의리에 감탄한 향리 사람들이 이 사실을 관가에 알렸다. 의성 현령은 박씨 3모녀의 열녀비와 의구비를 세워 이를 기렸다.

10. 주인 아이를 젖을 먹여 살린 개 이야기

개는 인간이 가축을 기른 것 중 가장 그 연대가 오랜 된 동물로 주인에 대한 충성이 지대한 동물로 인식되어 왔다. 이 때문에 의구(義狗)에 관한 전설이 적잖게 전해지고 있다.

고려 충렬왕 8년, 지금의 개성 진고개(泥峴)에 눈 먼 아이가 있었다. 양친은 모두 염병으로 죽었으므로 아이 혼자 흰 개 한 마리와 함께 살고 있었다. 그 아이가 개 꼬리를 붙잡고 길에 나서면 사람들은 밥을 주는데 개는 그 아이보다 먼저 입을 대지 않았고 또 아이가 목이 마르다고 하면 아이를 이끌고 우물가에 이르러 물을 먹었다고 한다. 그 아이는 늘 말하기를 "나는 우리 부모 잃고 이 개에 의지하여 살아간다."고 하여 주인에 대한 개의 충성심을 잘 보여주고 있다. 이 사실이 나라 안에 퍼져 이 개에게 정삼품의 벼슬을 내려졌다는 이야기도 있다. 충성하여 벼슬을 얻은 개 이야기의 전형이다.

이와 비슷한 이야기가 경주에서 전해진다.

옛날 경주에 살던 최부자 부부는 난이 일어나 밤중에 황급히 피난 간다는 것이 젖먹이 아이는 방에 두고 베고 자던 베개만 안고 도망쳤다. 정신을 차려보니 안고 도망쳐 올 때 안고 온 것이 아기가 아닌 베개임을 알고 발버둥을 쳤으나 동네는 이미 적의 수중에 들어가 어쩔 수 없었다.

산에 피신해 있던 최씨 부부가 며칠이 지난 후 집에 돌아가 방문을 열어보니 집에서 기르던 개가 두고 간 아기에게 젖을 먹이고 있었다. 최씨 집 개는 난리가 났던 당시 새끼를 낳았으나 주인들이 젖먹이 아기를 남겨두고 난을 피하자 자기 새끼들에 젖먹이는 대신 주인 아기에게 젖을 먹여 강아지는 모두 굶어 죽었던 것이다.

최부자는 이 은혜를 입은 어미 개를 식구처럼 사랑하며 기르다가 늙어 죽자 개무덤을 만들어 주었다.

거제시 장목면에 전해지는 개 전설이 있다.

어떤 집에 한 부인이 있었는데, 아이를 낳지 못해 첩을 들였다. 그런데 다행스럽게 부인이 임신을 했고, 마침 키우던 개도 동시에 새끼를 뱄다. 같은 달에 주인과 개가 같이 출산을 하게 되었다. 부인이 개에게 먹이를 주면서 개에게 "너와 내가 같은 달에 출산을 하게 되면 나는 사람이니 집에서 아이를 낳고, 너는 다른 곳에 가서 새끼를 낳도록 해라."라고 말했다.

얼마 후 개는 다른 곳에 가서 새끼를 낳았고 주인도 출산을 했는데, 마침 남편이 먼 곳으로 다니러 간 후였다. 늘그막에 아기를 낳은 부인은 기진맥진하여 의식을 잃고 있는 사이에 첩과 산파가 짜고 아기를 없애려고 했다.

첩과 산파가 부인에게 사산이 되었는데 남편이 오면 슬퍼할 테니 시신을 없애야 한다고 산에다 생매장을 했다. 그때 개가 그들의 뒤를 따라 좇아갔다. 사람들이 떠난 후에 개가 그 아기를 구덩이에서 꺼내어 자기의 새끼들이 있는 굴에 데려가 정성껏 돌보며 키우게 되었다.

나중에 남편이 돌아오니 개가 남편의 바짓가랑이를 물고 따라오라는 신호를 해서 남편이 따라가보니 아기가 있는 곳이었다. 굴에 도착하자 개가 아기에게 젖을 먹였다. 이것을 보고 남편은 모든 정황을 짐작하여 아기를 안고 돌아왔다. 주인의 아기를 키우느라고 정작 자기의 새끼들은 모두 죽어버렸다. 사람들이 모두 그 개를 의로운 충견이라 칭찬했다.

11. 중요한 문서를 먼 곳으로 전달한 개 이야기

광주광역시 양림동 오거리에는 정엄의 효자 정려비가 있고 그 비석 옆에 사자형의 석상이 하나 있다. 그곳 사람들은 이 석상을 '양촌공의 충견상'이라고 말한다.

양촌공은 조선 중종 초에 전라감사를 지낸 광주 정씨다. 그가 감사를 지낼 때 토종개 한 마리를 길렀는데 이 개가 어찌나 영리했던지 주인의 신변을 지키는 것은 물론 모든 크고 작은 심부름을 도맡아 했다고 한다. 당시 한양과 지방 간의 문서 수발 등의 통신 연락 업무는 주로 역마에 의존하고 있었으나 양촌공은 급한 전갈이 있으면 항상 그의 개를 이용했다.

양촌공이 개를 보낼 때는 목에 엽전을 넣은 전대를 달아 주었는데 이는 배가 고플 때 주막에 들러 밥을 얻어먹을 수 있도록 한 것이었다. 그런데 이 개가 어찌나 영리하였던지 만약 주막 주인이 밥값 이상의 돈을 전대에서 꺼내면 으르렁거려 모든 주막 주인들이 이 개에게 만큼은 사람의 대우를 했다고 한다.

어느 날 양촌공은 급한 일로 임신 2개월의 산기가 있는 이 개를 한양으로 심부름을 보냈다. 개는 돌아오는 길에서 아홉 마리의 새끼를 낳게 되었고 주인이 살고 있는 감영까지 한 마리씩 차례로 물어 나르기 시작하였는데, 마지막 아홉 마리째의 새끼를 나르다 그만 지쳐 죽고 말았다. 자신의 잘못으로 인하여 개가 죽었다고 자책하며 슬퍼하던 주인은 석공으로 하여금 견상(犬像)을 조각하게 하여 그것을 집 뜰에 두고 추모했으며, 양촌공이 죽은 뒤엔 그의 후손들이 양촌공 장려각을 세우고 그 옆에 견상을 두어 함께 기렸다고 한다.

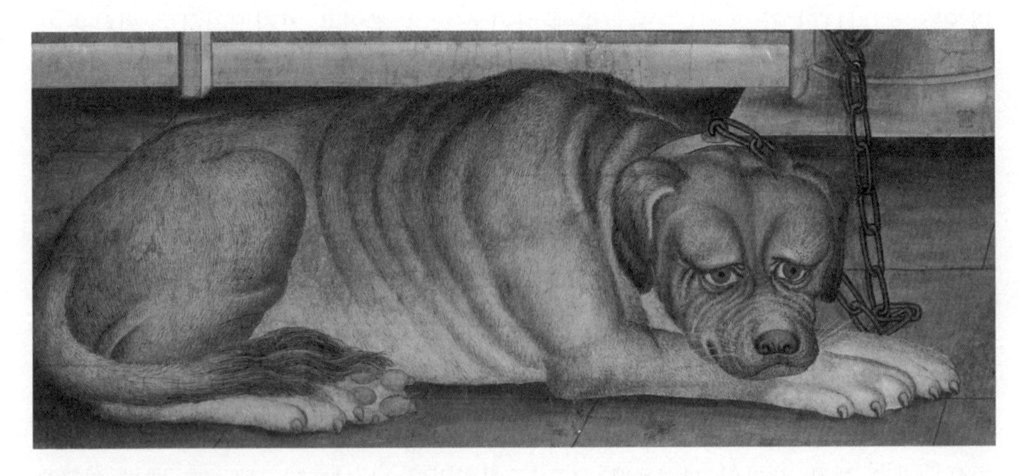

출처: 국립중앙박물관(http://www.museum.go.kr), 김홍도

12. 효성스러운 개 이야기

전남 승주군 별양면 우산리에는 영광 정씨들의 삼강문이 있다. 이 삼강문은 쌍충문, 쌍효문, 효열문의 셋으로 꾸며져 정씨들은 문중의 큰 자랑거리로 여긴다. 이 삼강문 중 쌍효문에 모신 정효원의 개가 이야기의 주인공이다.

정효원은 1758년 9월에 태어나 무과에 급제해 오위장 겸 지금은 전남 무안에 속한 임치진험사를 지냈다. 1820년 2월 그의 아버지가 돌아가셨으므로 벼슬을 그만두고 고향에 돌아와 상을 치른 뒤 3년 시묘해 효자 말을 들었다. 그의 집에는 개 한 마리가 있었는데 효원이 육식을 금하자 개도 고기 뼈마저 먹지 않았다. 그뿐만 아니라 효원 묘나 상방에 상식을 올리고 곡할 때면 개도 사람처럼 같이 울었다. 몇 년 뒤 효원의 어머니가 죽었을 때도 매번 같았다.

12년간을 효원을 따라 곡을 하고 성묘하던 이 개는 늙어 죽을 때가 되자 그의 옛 주인인 효원의 아버지 제삿날인 2월 28일 마루 맷돌에 머리를 부딪쳐 스스로 죽었다.

이 사실이 널리 알려지자 후에 순천 사람들은 순천시 인제동 남문 밖에 의구비를 세우고 개만도 못 한 사람들에게 교훈이 되게 했다. 그러나 이 비는 일제 때 도시 계획으로 남문이 뜯길 때 없어졌다.

주인에게 은혜 갚은 개 이야기는 아니지만, 사람보다 더 효성스러운 개도 있다. 그 대표적인 것이 정선의 효구총이다. 이 효구총에 대한 내용이 김낙행의 「구사당속집(九思堂續集)」권3, 「효구설(孝狗說)」에 자세하게 적혀 있다.

내가 배자도(裵子度)에게 하당(荷塘: 권두인(權斗寅)의 호) 어른께서 말씀해준 '의로운 개'이야기를 전해주었더니 자도는 다음과 같이 말하였다.

"근래에 또 '효성스런 개'의 이야기가 있는데 자네는 들었는가? 죽계(竹溪)에 개를 기르는 자가 있었는데 그 개가 새끼 한 마리를 낳자 이웃집에 주어 기르게 하였으며, 그 후 또 다시 새끼 두 마리를 낳았으므로 이번에는 주인이 직접 길렀다네. 강아지가 점점 자라자, 주인이 어미 개를 끌고 가 시냇가에서 도살하려 하니 두 강아지가 이것을 보고는 급히 달려가 이웃집에서 기르는 새끼 개를 데리고 왔다네. 그리하여 새끼 개 세 마리가 시냇가를 따라와 개를 도살하는 곳을 맴돌면서 처량한 모습으로 죽어가는 어미 개를 바라보고 다시 주인을 바라보더라네. 그리고는 앞발로 땅을 후벼 파고 머리를 들었다 올렸다 하며 몹시 구슬픈 소리로 우는데 눈동자를 보니 모두 눈시울에 눈물이 가득히 괴어 있더라네.

주인이 도살한 개를 가지고 집으로 돌아와 삶자, 새끼 개들은 또다시 솥 가에 빙 둘러 쭈그리고 앉아 있더라네. 개를 삶아 먹게 되었는데 마침 이웃 사람이 와서 이것을 보고는 군침을 흘리며 "맛있겠다"라고 말하자, 새끼 개들은 서로 돌아보고는 큰 소리로 으르렁거리며 이빨을 드러내고 뛰어올라 사정없이 물어뜯어 죽게 하였다네.

주인은 이에 크게 두려워하며 '참으로 이상하다, 조금 전 내가 시냇가에서 어미 개를 도살할 적에도 이놈들은 참으로 이상한 짓을 했었다' 하고는 어미 개의 고기를 먹지 않고 가죽과 함께 땅에 버렸더니 새끼개들은 함께 이것을 물고 시냇가의 도살한 곳으로 가서 어미 개의 털과 발톱 등을 남김없이 거두어 산기슭에 묻고는 또 다시 큰 소리로 슬피 울부짖다가 세 마리가 모두 어미 개 옆에서 나란히 죽었다네. 이야기를 죽계에 사는 사람이 우리 증조할아버님께 말하여 내가 아는 것이라네." 나는 그 말을 듣고 장탄식을 하며 "그 이야기가 참으로 사실인가. 개가 어쩌면 그리도 영특하고 기이하단 말인가. 사람으로 말하면 아마도 왕위원(王偉元)과 같은 자이니, 노(魯)나라 장공(莊公)을 부끄럽게 한다." 하였다.

이때 부중(扶仲)이 옆에 있다가 다음과 같이 말하였다.

"저 어미 개를 도살하여 삶은 주인과 개를 삶는 곳을 지나가다가 군침을 흘린 이웃 사람은 서로 간에 큰 차이가 있는데도 새끼 개들이 이웃 사람을 물어 죽이고 주인은 저희들을 길러주었다 하여 복수하지 않았으니 사람으로 따지면 작은 은혜를 생각하여 큰 의리를 잊는 자라 할 것이네. 예날 초(楚)나라의 오자서(伍子胥)는 이와 달랐다네. 그는 아버지인 오사(伍奢)가 초왕(楚王)에게 억울하게 죽임을 당하자, 오(吳)나라로 망명하여 끝내 복수하지 않았는가."

이에 나는 다음과 같이 대답하였다.

"사람에게 기름을 받았으니 주인에게 죽는 것은 가축의 도리가 그러한 것이네. 저 주인에게 도살당하고 주인에게 삶아 지는 것을 어찌 원한으로 여겨 복수할 수 있겠는가. 그러므로 이것은 오사가 죄 없이 초왕에게 죽임을 당한 것과는 다른 것이지. 이웃 사람이 '개고기가 맛있겠다'고 한 번 말하자 새끼 개들이 그를 원수로 여겼으니, 저 개들이 어미 개를 도살하여 삶는 것을 어찌 한(恨)하지 않았겠는가. 다만 사람에게 기름을 받았으니 주인에게 죽는 것이 가축의 도리임을 알았기 때문에 주인에게 복수하지 않았던 것이네. 만일 이웃 사람이 어미 개를 도살하여 삶았다면 저 새끼 개들은 장차 사람의 몸을 갈기갈기 찢어 그 고기를 먹었을 것이네. 어찌 물어 죽이기만 하고 말 뿐이었겠는가."

이와 유사한 내용의 이야기가 봉화에서 전해진다.

이 봉화의 효구총 역시 인간과 개의 교감을 바탕에 둔 이야기가 아니고, 어미 개와 강아지에 관련한 이야기이다.

봉화군 거촌 마을 입구에 효구총이 있으며, 효구 이야기는 변씨(邊氏) 문중에 대대로 전하고 있다. 어미 개가 변씨 집안에 충직하여 매우 아낌을 받았는데 강아지를 낳은 뒤 죽고 말았다. 강아지들은 어미 개의 죽음을 슬퍼하며 마루 밑에 들어가 나오지 않고 결국은 굶어 죽게 되었다. 이를 갸륵하게 여긴 변씨 집안사람들이 어미 개와 강아지의 무덤을 만들어 주고 '효구총'이라는 비석도 세웠다고 한다.

정선에도 다음과 같은 이야기가 전해온다.

수백 년 전의 이야기다. 강원도 정선 고을에 박 서방이라는 농부가 살고 있었다. 그는 가난하였기 때문에 오랫동안 기르던 큰 개 한 마리를 팔아 버리려고 생각하였다. 그 개가 낳은 새끼도 어느덧 자라서, 가난한 그로서는 도저히 두 마리 양식을 당해 낼 수가 없었다. 그래서 박 서방은 송아지만큼이나 되는 어미 개를 팔아서 조금이라도 살림에 보태 쓰려고, 팔방으로 살만한 사람을 알아보았으나 살 사람이 없었다. 그래서 그는 개를 잡아서 가족들과 같이 먹고 말았다. 먹고 남은 뼈는 근처에 있는 개천에다 버렸는데 그것을 본 새끼 강아지는 퍽 슬픈 빛을 띠고 우두커니 서있었다. 박 서방은 그 모양을 보고 "허, 개도 제 어미 죽은 것은 아는 모양이로군! 그러기에 저렇게 슬픈 빛을 띠고 있지" 하고 혼자서 중얼거리며 집으로 돌아왔다.

저녁밥을 먹고 박 서방의 아내는 먹다 남은 밥찌꺼기를 모아 놓고 강아지를 불렀다. 평상시 같으면 부르기가 무섭게 꼬리를 내저으며 달려온 강아지가, 오늘은 무슨 일인지 보이지를 않았다. 문간까지 나가서 동네가 떠들썩 하도록 크게 소리쳐 불러 보았으나, 종래 들어오지 않았다. 박 서방은 "낮에 개천가에 있었는데...." 하고 혼잣말을 하면서 슬퍼하고 있던 강아지의 측은한 모양이 자꾸 머리에 떠올라, 이상한 생각이 들이시 개천가로 가 보았다.

참 이상한 일이었다. 아까까지도 있었던 개뼈다귀가 흔적도 없이 없어지고 말았다. "웬일일까?" 하고 놀라면서 그 근처를 둘러보았더니, 여기 저기 개 발자국이 박혀 있었다.

개뼈다귀의 없어진 것과 강아지의 슬퍼하던 모양을 생각해보니, 이것은 필시 강아지의 짓이라고만 생각되어, 그는 그 개 발자국을 따라 갔다. 얼마쯤 가려니까 산기슭 잔디 위에 강아지가 엎드려 자고 있는 것이 보였다. 박 서방은 "어떻게 이런데 와서 자빠져 잘까?" 하고 강아지의 이름을 몇 번이고 불러 보았으나, 무슨 일로 강아지는 자빠진 채 일어날 줄을 몰랐다. 그때서야 비로소 가까이 가서 들여다 보니까, 그 강아지는 벌써 죽어 있었다.

그는 "음! 벌써 죽었구만!" 하고 중얼거리면서 옆을 보니까, 흙을 파고 그곳에 무엇을 묻은 듯한 자리가 있기에 파보았다. 그랬더니 그곳에는 짐작했던 대로 그 뼈다귀가 나왔다. 그 묻은 곳에 개의 발자국밖에 없는 것을 보고, 확실히 강아지의 짓이 틀림이 없다고 생각하던 그의 눈에 눈물이 흘렀다. 그러나 짐승이라도 제 어미의 죽음을 슬퍼하여 제 손으로 그 뼈를 장사지내고, 그도 또한 그 어미와 죽음을 함께하였다.

사람인들 어찌 이런 일을 따를 수 있을 건가?

– 최상수저 통문관발행(1958년) 한국민간전설집 –

사람들이 잡아먹고 버린 어미 개의 뼈를 그 새끼가 양지 바른 곳에 옮겨 묻어두고 곁에서 죽어간 효구총(孝狗冢) 이야기는 요즘 늙으신 부모님을 나 몰라라 버려 두고 심지어는 굶겨 돌아가시게까지 하는 불효자들에게 참으로 경종을 일으키게 하는 이야기가 아닐 수 없다.

이런 설화를 통해서 본 개는 동물 이상으로서 우리에게 인간적인 심성을 부여하여 우리에게 많은 생각을 하게 하는 영물이라 할 수 있다.

13. 기타 민속에 등장하는 개 이야기

민속에서는 개가 사자(死者)의 영을 본다는 말도 있다. 사람이 죽을 때가 되면 개가 저승사자를 알아보고 짖어서 쫓아내기도 한다고 한다. 또 나쁜 악귀가 들어오면 개가 미리 알아보고 쫓아내는데, 이때는 하얀 색을 가진 개가 더 영험하다는 말이 있어 민속에서는 흰 개를 선호하기도 하였다. 어쨌든 개는 신령스러운 능력을 가진 영험한 동물이라고 믿었던 것 같다.

그러나 '개 오래 기르면 도섭(요술, 변화의 옛말)하여 주인을 죽인다'라든지, '개가 땅을 파면 집안이 망한다', '개 꼬리가 왼쪽으로 꼬이면 망한다', '개가 담에 오르면 불길하다' 등등의 주로 흉을 점치는 일이 많았다.

이와는 반대로 '개를 잃어버리면 길하다'라는 것도 있는데 이처럼 인간과 가장 가까운 동물인 개를 통하여 인간사의 길흉을 점치는 것은 어쩌면 자연스러운 일이었는지도 모른다.

민속에 견불십년(犬不十年)이란 말이 있어 개는 십 년 이상 키우지 말라는 속설도 있다. 이는 동물이 사람과 오랫동안 생활을 하게 되면 정령을 갖게 되어 사람이 되어 사람을 해친다는 믿음에서 온 것이다. 그러나 이것은 비단 개에 국한되는 이야기가 아니라 모든 동물에 적용되는 것으로 아마도 오래 키우게 되면 정이 들어 차마 쉽게 없애지 못하는 심리적 요인에 기인한 것이 아닌가 한다.

잠깐 핵심에서 빗나간 이야기지만, 옛날의 식생활 사정이 좋지 않았던 때에는 개는 사람의 친구이면서 가장 좋은 먹을거리이기도 한 점을 생각하면 충분히 이해가 되기도 한다. 상류층은 쇠고기를 먹었지만, 가난한 일반 서민들에게는 고가의 쇠고기를 먹는 것은 꿈도 못 꾸는 일이고 또한 소는 농사의 중요한 도구로 사용되는 동물이니 함부로 먹을 수 없었다. 그러나 개는 풀어놓아도 제가 알아서 먹이를 찾아 먹으니 서민들에게는 개가 손쉽게 키울 수 있는 가축인 셈이었다. 보릿고개를 간신히 넘기고 영양 부족인 상태에서 더위가 한창인 6월의 복더위에 이르게 되어 농사를 짓자면 여간 힘든 것이 아니었을 텐데, 이때 개장국은 서민들의 축난 몸을 보신해 주는 유일한 수단이었을 것이다. 개장국(요즘엔 사철탕이나 영양탕이란 신조어가 생겼지만)에 대한 풍속은 6월의 계절 음식으로 문헌에도 정착되어 있다. 개는 가난한 서민들의 유일한 보신용 먹을거리인데 너무 정이 들면 없애기가 어렵게 되므로 십 년 이상을 키우지 말라는 또 다른 속설이 나온 것은 아닐까 짐작되어진다.

어쨌든 개는 살아서는 집을 지키고 주인을 구하는 영리한 동물로 사랑을 받다가 죽어서는 주인의 몸을 위해 희생하기까지 했으니 참으로 기특한 동물이 아닐 수 없다.

경상남도의 풍속에는 광견병을 예방하기 위한 속신이 있는데, 보름날에 개의 먹이를 볶아주고 개에게 해롭다고 칼질을 금하기도 하는 '개보름쇠기'가 있다. 이것은 겨울철에 부족한 개의 영양을 보충해주기 위한 우리 민족의 개에 대한 사랑과 배려 때문인 것 같다.

그렇게 개와 사람은 서로서로 아끼고 사랑을 나누며 오랜 세월을 함께 견뎌 온 것이다. 이제는 벽사의 능력을 가진 개는 없어져서 집안의 나쁜 기운을 쫓아내는 일은 없어졌다. 그러나 집안에 웃음과 사랑을 제공하는 애완견들이 그 역할을 대신하여 화평(和平)의 능력을 발휘하고 있으니 그것도 괜찮은 것 같다.

개는 주인에 대한 충복, 충성심을 상징하는 것 이외에도 무속에서는 이승과 저승의 안내자 역할을 한다. 병을 앓다가 깨어난 사람, 즉 기절했다가 소생한 사람들의 저승담에 보면 이승과 저승 사이에 외나무다리가 있는데 길을 안내해 다리를 건너게 하는 것이 바로 개이다.

또 불교에서는 보상의 환생으로 나타나기도 한다.

옛날 경주 고을에 아들 딸 두 자식을 키우느라 못 먹고 고생만 하다가 죽은 최씨댁 과부가 개로 환생하여 자식들의 집을 지키며 살았다. 어느 날 스님이 와서 그 개는 바로 당신의 어머니가 환생한 것이니 잘 먹이고 유람을 시켜 주라고 하였다. 팔도 유람을 마치고 경주 집에 돌아오는 도중에 어느 장소에 도달하자 그 개는 발로 땅을 차면서 그 자리에서 죽었다. 최씨는 그 곳에 개를 묻었는데, 그 무덤의 발목으로 최씨 집은 거부가 되고 자자손손 부귀와 영화를 누렸다는 이야기이다.

집에서 기르던 개가 슬피 울면 집안에 초상이 난다 하여 개를 팔아 버리는 습속이 있다. 또, 개가 이유 없이 땅을 파면 무덤을 파는 암시라 하여 개를 없애고, 집안이 무사하기를 천지신명에게 빌고 근신하면서 불행에 대비한다.

무속신화, 저승설화에서는 죽었다가 다시 환생(還生)하여 저승에서 이승으로 오는 길을 안내해 주는 동물이 하얀 강아지이다. 이처럼 개는 이승과 저승을 연결하는 매개의 기능을 수행하는 동물로 인식되었다. 옛 그림에서도 개 그림이 많이 나온다. 동양에서는 그림을 문자의 의미로 바꾸어 그리는 경우가 흔하다. 개가 그려진 그림을 보면 나무 아래에 있는 개 그림이 많다. 이암의 화조구자도와 모견도, 김두량의 흑구도 등이 그 예인데, 나무(樹) 아래에 그려진 개는 바로 집을 잘 지켜 도둑막음을 상징한다. 개는 '戌(개 술)'이고, 나무는 '樹(나무 수)'이다.

'戌'은 '戍(지킬 수)'와 글자 모양이 비슷하고, '戍'는 '守(지킬 수)'와 음이 같을 뿐만 아니라 '樹'와도 음이 같기 때문에 동일시된다. 즉 "戌戍樹守"로 도둑맞지 않게 잘 지킨다는 뜻이 된다. 이와 같은 개의 그림을 그려 붙임으로써 도둑을 막는 힘이 있다고 믿었다. 이러한 일종의 주술적 속신(呪術的 俗信)은 시대를 거슬러 올라가 고구려 각저총의 전실과 현실의 통로 왼편 벽면에도 무덤을 잘 지키라는 의미에서 개 그림을 그려 놓았다.

사람들은 주인에게 보은할 줄 알고 영리한 개를 사랑하고 즐겨 기르고 있지만, 다른 한편으로 흔히 천한 것을 비유할 때 개에 빗대어 이야기한다.

개에 대한 평가는 긍정적인 것 못지않게 부정적인 것도 많다.

서당 개, 맹견, 못된 개, 미운 개, 저질 개, 똥개, 천덕꾸러기 개는 비천함의 상징으로 우리 속담이나 험구(욕)에 많이 나타난다. 동물 가운데 개만큼 우리 속담에 자주 등장하는 경우도 드물다. 개살구, 개맨드라미 등 명칭 앞에 '개'가 붙으면 비천하고 격이 낮은 사물이 된다.

개는 아무리 영리해도 사람대접을 못 받는다. 밖에서 자야 하고 사람이 먹다 남은 것을 먹어야 한다. 사람보다는 낮고 천하게 대접받는다. 개에게는 밝은 면과 어두운 면이 있으니 의로운 동물이라는 칭찬과 천하다고 얕잡아 취급하는 양면이 있다. 즉, 개에 대한 민속 모형은 충복과 비천의 양면성을 지니고 있다.

출처: 국립중앙박물관(http://www.museum.go.kr), 필자미상

14. 중국을 배경으로 전하는 개 이야기

우리나라의 이야기면서도 중국을 배경으로 하고 중국의 인물들이 등장하는 것도 상당히 많이 구전되었다.

그중 두 편만 소개하기로 한다.

전남 함평군 엄다면에는 중국을 이야기의 무대로 한 삼족구(다리가 셋 달린 개)의 이야기가 전해져 온다.

옛날 대국의 천자(중국의 황제를 말함)가 너무 색을 밝힌 나머지 구미호의 변신인지 모르고 예쁜 여자를 하나 얻었다. 그런데 이 여자는 늘 얼굴을 잔뜩 찡그리고 사는 것이었다. 그래서 이루지 못한 소원이 이 여자에게는 있구나 하고 짐작한 천자가 무슨 소원이 있느냐고 물었다. 그랬더니 그녀는 구슬로 집을 지어 달라고 떼를 쓰는 것이었다. 천자가 암만 생각해보아도 구슬로 집을 짓는 재주를 가진 목수는 이 세상에 없었다. 그래서 다시 구슬로 집을 짓는 재주를 지닌 사람은 누군가라고 물었다. 그에 대한 대답은 현자인 강태공이었다. 이 구미호가 생각하기를 사람으로 둔갑한 자기를 물리칠 사람은 강태공밖에는 없었고 그에게 구슬로 집을 짓도록 해놓고 못 지으면 천자의 명으로 죽여 버릴 심산이었다. 천자의 부름을 받고 입궐한 강태공은 천자의 곁에 서있는 여인이 구미호임을 단번에 알아챘다. 그래서 천자의 물음에 구슬로 집을 지을 수 있다고 대답한 후 물러 나와서는 그대로 달아나 버렸다.

강태공이 달아나 버려 구미호의 소원을 못 들어 주게 된 천자는 다시 그 밖의 소원이 없느냐고 여인에게 물었다. 구미호는 죄인을 잡아다가 기름 바른 구리기둥에 묶고 그 밑에 숯불을 피워 달라고 하였다. 내내 사람의 피를 먹고 살던 버릇이 되살아나 죄인이 죽어 내다 버리면 그 피를 먹을 심산이었다.

그때 강태공이 다시 돌아왔다. 그런데 그의 옷자락 속에는 삼족구가 들어 있었다. 강태공은 천자에게 자기가 돌아왔노라고 아뢰고 나서 그 강아지를 구미호 앞에 풀어놓았다. 삼족구는 곧바로 구미호의 목을 물고 늘어져 내팽개쳐 버렸다. 그랬더니 여인의 몸이 죽어서는 꼬리 아홉 달린 여우로 바뀌는 것이었다.

앞서 소개한 궁예의 이야기와 구조가 유사하면서, 중국의 포악한 왕으로 유명한 상나라 주왕의 달기와 주나라 유왕이 애첩 포사의 고사와 비슷하다는 느낌을 갖게 한다. 달기와 포사의 미소를 보기 위해 행했던 고사와, 달기를 잡은 강태공의 일화를 섞어서 하나의 재미있는 전설을 만든 것 같다.

즉 우리나라와 중국의 여러 고사들을 민간에서 재미있게 여러 사람들에 의해 전해지는 과정에서 덧붙이기도 하는 과정에서 이런 전설이 나오게 된 것이다.

중국 광동성에서 큰 홍수가 나자 사람들은 먹을 것을 전혀 구할 수 없게 되었다. 이에 신은 개를 보내 사람들에게 곡식의 씨앗을 나누어 주기로 했다. 개는 자기 몸의 구석구석에 씨앗을 단단히 붙이고 하늘에서 내려왔다. 그런데 도중에 큰 홍수로 넘친 물속을 헤엄치다가 그만 물결에 씨앗이 모두 떠내려가 버리고 사람들이 있는 곳에 당도했을 때에 남은 것은 꼬리 끝에 붙여 놓은 것뿐이었다.

그러나 사람들은 그 씨앗을 뿌려 곡식을 얻을 수 있었다. 가을에 다 팬 벼 이삭이 위쪽에만 벼가 붙어 있어 마치 개 꼬리처럼 보이는 것은 바로 이 때문이라 한다.

이런 전설은 아시아 각지에 널리 펴져있다. 따라서 고대의 개는 곡신으로 숭상받고 있었음을 알 수 있다.

한편 개는 물과도 인연이 있는 수신이기도 했다. 이러한 개에 대한 이야기는 비단 우리나라뿐만 아니라 동아시아 모든 나라에서 비슷하게 전해지는 유형의 전실이다.

최재헌

㈔한국애견협회 전 견종 심사위원/교육담당총괄 이사

㈔한국애견협회 진도견 심사위원

WUSV National 저먼 셰퍼드 심사위원

공학박사

연변과학기술대학교 교수/부총장 역임

김창영

㈔한국애견협회 전 견종 심사위원/이사

㈔한국애견협회 진도견 심사위원

한국자격교육개발원㈜ 교수위원

메리츠캐피탈㈜ 상무

제 2 판
견종학 및 반려견 관리

초판발행 2023년 5월 15일

지은이 최재헌 · 김창영
펴낸이 노 현

편 집 김민조
표지디자인 이소연
제 작 고철민 · 조영환

펴낸곳 ㈜ 피와이메이트
서울특별시 금천구 가산디지털2로 53, 210호(가산동, 한라시그마밸리)
등록 2014. 2. 12. 제2018-000080호
전 화 02)733-6771
f a x 02)736-4818
e-mail pys@pybook.co.kr
homepage www.pybook.co.kr
ISBN 979-11-6519-393-5 93490

정 가 17,000원

박영스토리는 박영사와 함께하는 브랜드입니다.